# 苹果苗木生产繁育技术手册

邹宗峰 吕常厚 曲日涛 主编

化学工业出版社

·北京·

## 内容简介

嫁接技术在我国有悠久的历史，可追溯至秦汉。几千年来，果树嫁接的种类、方法、时期和包扎材料等方面，都有了很多新的变化。本书总结了多年来果树嫁接研究和苗木生产实践的成果，深入浅出地阐明了各种苹果苗木嫁接的技术规程，特别是苹果脱毒种苗繁育技术；并且用图解加以说明，使读者看得懂，学得会。本书为实现苹果苗木繁育、品种更新普及、品种区域栽植、大树高接换头、老旧果园更新改造和病危树挽救等提供了不可缺少的参考措施。

本书可供广大果农、果树专业技术人员、果树教学和研究工作者阅读，主要用于规范苹果脱毒苗木生产、繁育。相关技术的推广能促进规模化脱毒苗木繁育，降低生产成本，解决生产中的相关问题，加速脱毒苗木的应用范围，扩大脱毒苗木的推广领域。

**图书在版编目（CIP）数据**

苹果苗木生产繁育技术手册/邹宗峰，吕常厚，曲日涛主编. —北京：化学工业出版社，2021.5

ISBN 978-7-122-38664-9

Ⅰ.①苹… Ⅱ.①邹…②吕…③曲… Ⅲ.①苹果-育苗-技术手册 Ⅳ.①S661.132-62

中国版本图书馆 CIP 数据核字（2021）第 042025 号

---

责任编辑：毕小山　　文字编辑：蒋丽婷
责任校对：张雨彤　　装帧设计：刘丽华

---

出版发行：化学工业出版社（北京市东城区青年湖南街 13 号　邮政编码 100011）
印　　装：天津盛通数码科技有限公司
880mm×1230mm　1/32　印张 4　字数 116 千字
2021 年 5 月北京第 1 版第 1 次印刷

---

购书咨询：010-64518888　　售后服务：010-64518899
网　　址：http：//www.cip.com.cn
凡购买本书，如有缺损质量问题，本社销售中心负责调换。

---

**定　　价：39.00 元**

# 编写人员名单


**主　编：** 邹宗峰　吕常厚　曲日涛

**副主编：** 孙旭生　于旭红　许淑桂　宁传丽　沙传红　赵海波

**参　编：** 黄大方　田利光　慕建民　牟胜茂　王　贵　张晓华　马东辉　赵利华　王双磊　刘芳园　王丽敏　李安东　卢俊宇　赵建光　臧爱梅　宋兆本　刘　环　杨福丽　周瑞军　鲁志弘　刘珅坤　孟令华　张　宇　隋秀奇　王　平　宋永果　林传清　王继秋　吴海涛　姜训刚　徐明娜　蒋晓明

# 前言

苹果苗木是苹果生产的基础。对苹果苗木繁育进行规范，保证品种纯度和苗木质量十分重要。山东省作为全国苹果生产的优势区域，按照国际化的生产要求建立现代化果园，对苹果苗木质量进行规范势在必行。相关苹果苗木质量生产技术标准已不适合当前生产的需求。为此，根据我国现行的相关技术标准，结合生产实际，制定符合建设现代果园的苹果苗木生产繁育技术手册，以规范和监督苹果苗木的生产，促进苹果生产可持续发展。

本书编写人员深入苹果产区和苹果苗木繁育基地进行调查，了解苗木生产单位苹果苗木砧穗组合、规格、分级、包装等各方面的情况，对不同砧木、不同级别的苗木规格进行调查测量，获得原始数据，掌握第一手资料。之后进行分析筛选，在广泛咨询国内同行专家的基础上，根据标准及文献资料、生产实践的调研结果，立足山东省苹果栽培、苹果苗木生产实际，参照国内标准编写了本书。

由于时间仓促，水平有限，书中难免存在疏漏之处，欢迎指正。

编者

2020 年 12 月

# 目录

# 第1章

# 苹果矮化自根砧水平压条法繁育技术

在苹果生产中，矮化密植不仅是提高土地利用率的有效途径，而且便于管理。目前实现苹果矮化密植最有效的方法是使用矮化砧木。矮化砧木在一定程度上能控制果树的大小，还具有结果早、丰产早等优点。苹果矮化自根砧在生产中主要以扦插、压条、分株等方式进行繁殖。苹果矮化自根砧水平压条法具有苗木须根数量多、整齐度高、繁殖速度快、操作简单和成本低廉等突出特点，适宜苗木繁育单位进行规模化生产。建立一套苹果矮化自根砧水平压条法繁育技术在苹果苗木生产中具有重要的理论与现实意义。

## 1.1 术语与定义

### 1.1.1 砧木繁育圃

用于繁育苹果矮化自根砧苗木（子株）的压条圃，也称砧床。

### 1.1.2 砧木

嫁接繁殖时承受接穗的植株。砧木可以是整株果树，也可以是树体的根段或枝段，可固着、支撑接穗，与接穗愈合后形成植株，并能够生长、结果。

### 1.1.3 母砧

栽植在砧木繁育圃内用于扩大繁育子株的砧木苗，也称母株、母砧苗、母砧株。

### 1.1.4 子砧

经诱导母砧上的侧枝基部生根后与母砧分离形成的独立个体，也称子株、子砧苗、子砧株。

### 1.1.5 自根砧

由砧木自身器官、组织体细胞形成根系的砧木。

### 1.1.6 压条繁殖

压条繁殖是指采用水平压条等方法，把母砧部分或全部压入土或木屑等介质中，使连在母砧上的枝条形成不定根，然后再切离母砧形成一株独立新生个体的繁殖方法。

## 1.2 砧木繁育圃选择

宜选择无检疫性病虫害、无环境污染、交通便利、背风向阳、地势平坦或坡度在5°以下的缓坡地块；排水、浇水条件良好，土质以沙壤土、壤土或轻黏壤土为好，土壤pH 6.0～7.5，土层深度大于80cm；前10年内未繁育过苹果、梨等果树苗木。

砧木繁育圃四周宜建设防风林带或绿篱隔离带，树种为适应当地气候条件、生长快、易成活且与苹果树没有共生病虫害的乔灌木。周边15m内应无杨树、槐树、榆树等；周边100～500m内应无苹果树、梨树等果树栽培；周边5km内应无龙柏、塔柏、圆柏、铺地柏、金叶桧、鹿角桧等圆柏类林木。

## 1.3 建圃准备

### 1.3.1 土地平整

定植前一年秋季或当年春季深耕土地，深度达到50～80cm，要求地平、土碎、无石块。

### 1.3.2 土壤改良

春季栽植前施足基肥，一般每亩（1亩＝666.7$m^2$）施磷酸二氢铵或磷酸氢二铵50～100kg，腐熟牛粪等优质土杂肥10～12$m^3$。同时土内施入能够防治根部病虫害的杀菌、杀虫剂后深耕，具体按《农药合理使用准则》（GB/T 8321）执行。

### 1.3.3 基础设施及灌溉系统建设

建设完善的水电、排灌渠道等基础设施，安装滴灌或微喷等节水灌溉系统。

## 1.4 母砧定植

### 1.4.1 母砧要求

引种渠道正规可靠，为脱毒砧苗，无检疫性病虫害。根系良好、枝条充实、粗度较均匀、芽眼饱满、皮部光滑，长度为50～60cm，根颈（根茎与地表土层的结合部）以上10cm处的粗度为6～8mm，根部着生根簇不少于3个。

砧木类型宜选用M系、JM系、CG系、B系等。

### 1.4.2 栽前准备

① 按定植行向和行距放线，顺行挖20～25cm深的栽植沟。

② 按母砧干径的粗度和高度进行分级，并剔除死、伤、残和带有病虫害的植株。

③ 修剪母砧根系，保留新鲜健全的所有短须根。

④ 栽植前将母砧放置在清水中浸泡24～48h，宜加入多菌灵、甲氨基阿维菌素苯甲酸盐（甲维盐）等杀菌杀虫剂。对于较难生根的品种，可用促生根剂蘸根处理。

### 1.4.3 栽植时间

3月上旬至4月上旬，土壤解冻后至萌芽前栽植。

### 1.4.4 定植要点

① 行向以南北向为宜。

② 单行栽植的，株行距为（0.25～0.35）m×（1.4～1.8）m，通常为0.25m×1.5m；大小行栽植的，大行距为1.4～1.8m，小行距为0.2～0.30m，株距为0.25～0.35m。

③ 沿种植线开沟，母砧栽植于沟内。母砧应倾斜栽植，与地面夹角呈30°～45°，栽植深度为20～25cm。为方便日后机械操作，相邻种植小区中母砧的倾斜方向相反。

④ 栽后埋土踏实，随即浇一次透水。栽植沟覆土面低于地平面3～5cm。

⑤ 地头宜留8～10m宽的机械作业道。

### 1.4.5 栽后管理

#### 1.4.5.1 浇水

栽后3日浇第二次透水。此后根据天气情况补水。若天气晴好，则一周内至少补水一次。一个生长季的需水量为100～120$m^3$/亩。

#### 1.4.5.2 植保管理

生长季根据天气情况和田间实际监测到的病虫发生情况用药，

4～8 月每月用药 1～2 次。

砧木繁育圃内的生产管理工具应专管专用，定期消毒。

#### 1.4.5.3 清除杂草

采用人工或机械方式除草，也可用覆盖的方法除草。圃内禁用除草剂。

#### 1.4.5.4 施肥

第一个生长季内宜施复合肥 2～3 次（最后一次施肥的时间为压条后），单次施肥量为 20～30kg/亩，施肥后立即浇水。可多次喷布叶面肥。具体按《肥料合理使用准则通则》（NY/T 496—2010）执行。

## 1.5 水平压条

### 1.5.1 压条时间

栽植于当年 9 月中下旬至 10 月中下旬的新梢停长后，或次年春季萌芽前进行压条。

### 1.5.2 工具准备

根据水平压条作业的实际需要，提前准备好足量的小桶或提篮、手套、护膝、剪枝剪、短柄小镢，以及粗度为 5～10mm、长度为 20cm 的细竹竿（或硬木棍）等专用工具。木棍等材料应一端削尖或斜切，另一端剪平。

### 1.5.3 修剪

压条前，将发育不充实的枝条疏除，将角度直立的过粗侧枝回缩。对长势弱的和生长方向与压条方向相反的分枝，在其基部以上 1～2cm 处剪除。

### 1.5.4 压条方法

#### 1.5.4.1 顺行直线压条

顺行压倒第一株母砧，将其梢部压在第二株母砧的基部，用细竹竿或硬木棍来固定第一株母砧。依次将第二株母砧的梢部压在第三株母砧的基部并固定，以此类推。走向大致为一条直线。要求压实母砧及其上萌发的全部枝条，并将其平卧在浅沟底部。

也可顺行编织，采用可降解尼龙扎带别枝绑扎的办法将所有枝条错落压实，确保全部枝条平卧在浅沟底部。

#### 1.5.4.2 “鱼刺状”压条

将母砧主干及新萌生的侧枝收拢在一起，顺行穿过前一株母砧基部扭转方向至行间，与行向形成近 90°的夹角，用竹竿或硬木棍固定。以此类推，一左一右有序排列，压条后母砧空间分布呈现为“鱼刺状”。

### 1.5.5 覆土

秋季母砧实施完水平压条后，用细土覆盖裸露在地表的根系。

### 1.5.6 病虫害防治

母砧水平压条后，全园宜喷施一次杀菌、杀虫剂，用药符合《农药合理使用准则》(GB/T 8321) 的规定。

## 1.6 覆盖生根

### 1.6.1 覆盖物

覆盖物可用锯木屑、混合土等。

锯木屑宜用加工阔叶木类原木屑，不使用含有油漆、胶等成分的木屑以及未经杀菌处理的苹果、梨等仁果类果树的锯木屑。锯木屑宜发酵后使用。

混合土主要由苗圃表土、腐熟锯木屑、细河沙构成，配比为各占 1/3，需混加适量的牡蛎壳粉和腐熟细土粪。细河沙粒度为 0.5～2mm，不能使用海沙。

### 1.6.2 覆盖

每亩覆盖物总用量为 15～20$m^3$。覆盖物应填满子株根际部孔隙，并避免压倒或盖住子砧苗。覆盖后及时灌水，保证覆盖物的湿度。

① 首次覆盖：在母砧栽植第二年新梢（子砧）长至25～30cm时进行首次覆盖，覆盖厚度为10～15cm。

② 第2～3次覆盖：新梢（子砧）高度达到40～45cm、50～55cm时进行第2次、第3次覆盖，覆盖物厚度每次增加10～15cm。三次覆盖物累积厚度为30～45cm。

采用锯木屑覆盖的，3次覆盖后可加盖一层混合土或圃土，厚度5cm左右。

## 1.6.3 覆后管理

### 1.6.3.1 水肥管理

① 水分管理：覆盖后持续喷淋水分，确保锯木屑完全吃透水。此后根据天气情况补水，保持覆盖物相对湿度为60%～80%。灌溉水应符合《农田灌溉水质标准》（GB 5084—2005）的规定。

② 追施肥料：当苗木高度为10～15cm时和覆锯木屑之前可各施复合肥1次，施肥量为10～15kg/亩，施肥后立即灌水。

### 1.6.3.2 病虫害防治

主要虫害有甜菜夜蛾、绿盲蝽、红蜘蛛、芽白小卷蛾、棉铃虫、梨小食心虫、金龟子等。主要病害有斑点落叶病、褐斑病、白绢病等。宜喷布噻虫嗪、螺虫乙酯、戊唑醇、甲基硫菌灵等药剂进行防治。

禁止在砧木繁育圃内的子株上直接嫁接苹果品种。

### 1.6.3.3 疏除二次枝

M9T337等部分类型的砧木易萌发二次分枝，需人工掰除50cm以下的二次梢。

### 1.6.3.4 吹锯木屑

从第三年开始，每年春季用机械进行一次吹锯木屑作业。春季最低温度在0℃以上时进行，要求吹到露出母砧为止。

## 1.7 子砧收割

### 1.7.1 收割时间

11 月中下旬，在叶片脱落后至土壤封冻前进行。对于叶片不能正常脱落的子砧，可采用喷布脱落剂的方法促进脱叶。

### 1.7.2 收割方法

#### 1.7.2.1 人工收割

刨开覆盖物，露出子株根系，用长柄剪或其他切割工具在子砧株基部上方 1～2cm 处剪断子砧，保护好母砧主干及子株基部短桩。

#### 1.7.2.2 机械收割

利用砧苗切割收获机来进行切割、收集等作业。

### 1.7.3 越冬管理

子砧苗采割后，在母砧上覆盖 5～10cm 的锯木屑等覆盖物，同时灌透封冻水。

翌年春季土壤化冻后，及时清理砧木繁育圃内的覆盖物，促使母砧萌发新枝，继续繁育新子株。砧木繁育圃可持续生产子砧苗 20 年以上。

## 1.8 子砧苗分级与贮运

### 1.8.1 子砧苗长度

剪留长度为 50～60cm 的子砧苗，淘汰其余部分。

### 1.8.2 子砧苗分级

按根系着生点数量、砧段长度 38cm 处的砧木粗度两项指标分级砧苗。淘汰直径小于 4mm、没有生根及弯曲度过大的砧苗。子砧苗常见分级标准及用途详见表 1.1。

表 1.1　子砧苗常见分级标准及用途

<table>
<tr><th>根部着生根簇数量/个</th><th>粗度/mm<br>（指砧段长度 38cm 处）</th><th>子砧苗用途去向</th></tr>
<tr><td rowspan="4">≥3</td><td><4</td><td>过细，淘汰</td></tr>
<tr><td>≥4，且<8</td><td>重新定植</td></tr>
<tr><td>≥8，且<12</td><td>冬季室内离体双舌枝接</td></tr>
<tr><td>≥12</td><td>春季芽接或枝接</td></tr>
<tr><td rowspan="3"><3</td><td><4</td><td>过细，淘汰</td></tr>
<tr><td>≥4，且<8</td><td>重新定植</td></tr>
<tr><td>≥8</td><td>直接淘汰</td></tr>
</table>

或者根据用途和客户需要，按照粗度小于 4mm、4～6mm、6～8mm、8～10mm、10～12mm、大于 12mm 等不同规格进行分级。

### 1.8.3　打捆包装

对齐砧苗根部，每 50 株捆扎为一捆，加贴（挂）含可追溯信息的标签。标签上要标注砧木品种、规格、采收日期、操作人、是否脱毒、生产单位及商标等信息。

装箱时，上下两捆砧苗的顶部和底部交叉放置，根部用湿锯木屑保湿，封口。

### 1.8.4　贮藏运输

砧苗应贮藏在温度 0.5～1.5℃、相对湿度不小于 95%的冷库中。贮藏期不宜超过 6 个月。贮藏期内不得与能释放乙烯气体的农产品混放。

运输过程中应采取保湿措施，防止重压、暴晒、风干、雨淋、冻害等情况发生。

### 1.8.5　调运检疫

产地检疫按《苹果苗木产地检疫规程》（GB 8370—2009）的规定执行，砧苗病毒检测按《苹果无病毒母本树和苗木》（NY 329—2006）的规定执行，苗木调运按《农业植物调运检疫规程》（GB 15569—2009）的规定执行。

苹果矮化自根砧水平压条

苹果矮化自根砧水平压条细节

苹果矮化自根砧水平压条繁育现场

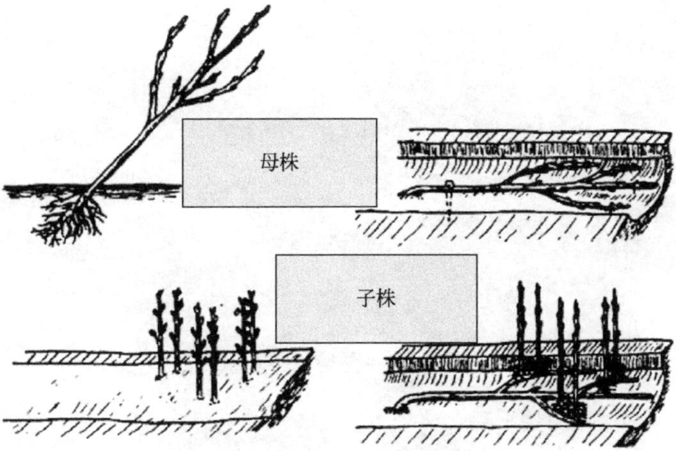


土或木屑覆盖水平压条示意

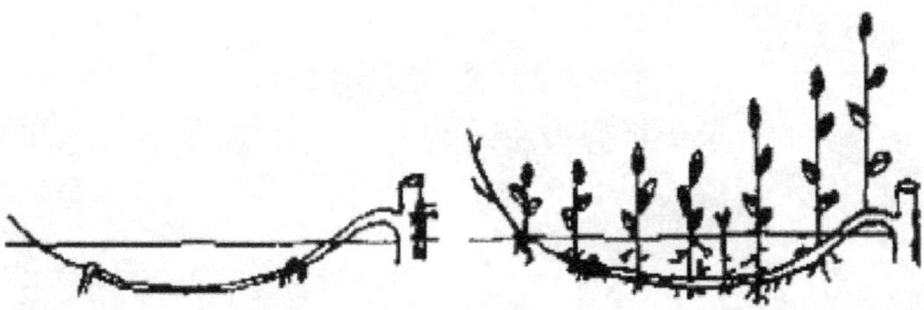

水平压条示意

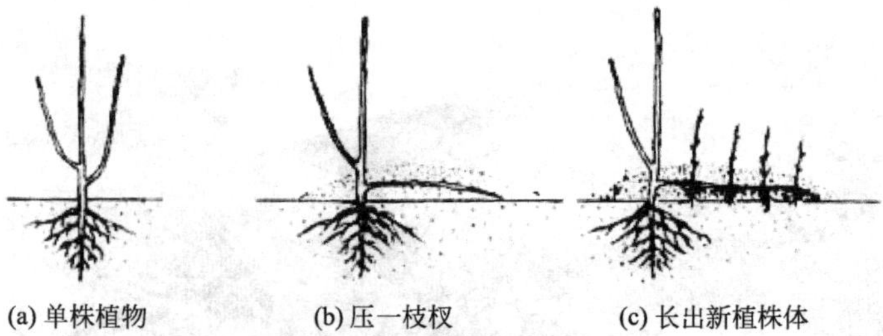


水平压条剖面示意

第2章

# M9T337矮化自根砧苹果苗木繁育技术

M9T337是从M9中选出来的脱毒M9矮化砧木优系，在国外以高纺锤树形推广获得了巨大成功。该砧木相比M9具有更好的苗圃性状，可通过压条、扦插、组培等方式进行繁殖。M9T337矮化自根砧育苗具有育苗简单、园貌整齐、结果早、产量高、品质好等优点。本章提出了M9T337矮化自根砧育苗的技术流程，对M9T337矮化自根砧苹果苗木的繁育技术进行了详细论述，以期为M9T337矮化自根砧苹果苗木繁育提供技术支持。

## 2.1 砧木母本园建设

选择无检疫性病虫害、无环境污染、交通便利、背风向阳、地势平坦，土壤 pH 为 5.5～7.5，有灌溉条件、排水良好，土质肥沃的沙壤土、壤土和轻黏壤土，且已连续 3 年未栽植果树的地块作为建园用地。设置隔离区，园址至少要远离苹果园 500m（国外引种苗木隔离检疫要求）。意大利引进脱毒 M9T337 砧木苗茎充实、芽眼饱满、根系发达、侧根粗>1.5mm、根皮光滑、干高>50cm、粗度 8mm 以上。采用一垄双行栽植，水平压条按照株行距为 0.25m×0.25m×1.5m 栽植，直立压条按照株行距为 0.2m×0.2m×1.5m 栽植，集中定植。

## 2.2 砧木繁育

### 2.2.1 水平压条法

缺点为繁育的植株弱小，优点为可迅速繁育大量植株。

具体方法：选用根系良好、枝条充实、粗度较均匀和芽眼饱满的砧苗作为母株，剪留 50cm。母株苗栽植前充分浸水，经泥浆浸根后在栽植沟内与地面呈 30°～50°夹角，梢部向北倾斜栽植，垂直深度约为 15cm，然后填土踏实，连续灌 2 次透水后封土。封土后的栽植沟平面应低于原地平面 3～5cm。母株苗定植后要及时覆盖地膜，以提高地温并保持一定的湿度。母株苗栽植成活后，待苗干多数芽萌发时（约 5 月下旬），顺母株苗栽植的倾斜方向将苗干压倒在略低于地面的栽植沟内。第 1 株苗压倒后梢部用第 2 株苗的基部压住，第 2 株苗压倒后梢部用第 3 株苗的基部压住，以此类推。用小竹棍十字交叉固定拉倒埋入地下的砧苗，防止苗干压倒后中部鼓起。在压倒苗干的同时，抹除母株苗干基部和梢部的芽，使母株苗干上的新梢长势均匀。待苗干上多数新梢长至 15cm 以上时（约 6 月中旬）进行第 1 次培土

(培土用混合土，园土、腐熟锯末各占 1/2，其中园土混有适量的商品有机肥或腐熟细土粪)，培土厚度≥5cm。以后随着新梢不断长高增加培土厚度，每次培土间隔约 15 天，7 月上中旬进行最后 1 次培土，培土总厚度为 20～30cm。此时栽植沟经多次培土已形成大垄。砧苗生长期内须保持苗床内的湿度，含水量为田间持水量的 60%～80%。除每次培土前都要灌水和适度追肥外，还要根据土壤含水量情况随时灌水。当年晚秋，将苗床的培土全部扒开，露出水平压倒的母株苗干及其上 1 年生枝基部长出的根系。将每条生根的 1 年生枝在基部留 1cm 的短桩剪下成为砧苗，而压倒的母株苗干及苗干上留下的一些有根的短桩则留在原处。短桩上的剪口要略微倾斜，以便下一年从剪口下萌发新梢继续培土生根。母株苗干上长出的未生根的 1 年生枝可留在原地不剪，翌年春季再作母株苗干继续水平压条，压倒时应与原母株苗干平行，并使其有 10cm 的间距。母株苗干上长出的未生根的细弱枝全部剪除。剪苗后原母株苗干重新培土，灌水越冬。剪下的砧苗分级后，窖藏沙培越冬，翌年春季作砧苗利用。

### 2.2.2 直立压条法

缺点为开始繁殖量低且速度慢，优点为繁育的植株大且旺盛。

具体方法：春季栽植 M9T337 砧木苗，萌芽前，从自根砧苗基部留 2～3cm 剪截，促发萌蘖，使成为压条母株。当新梢长到 15～20cm 时进行第 1 次培土，培土高度为苗高的 1/2，宽约 20cm。1 个月后，当新梢长到 40cm 左右时进行第 2 次培土，最终培土高度达 30cm，宽度达 40cm。培土前应先灌水，培土后保持土堆湿润。一般培土后 20 天砧苗开始生根，入冬前即可分株起苗。起苗时，先扒开土堆，在每根萌蘖的基部靠近母株的地方，留 2cm 左右剪截，没有生根的萌蘖也要同时短截。

## 2.3 苗木繁育

### 2.3.1 繁育圃建设

对建圃用地进行翻耕、消毒、整地和施肥。秋后翻耕，深度为

30～40cm。施优质腐熟土粪 3$m^3$/亩和磷肥 100kg/亩。对病虫害多发区进行土壤消毒，预防立枯病、根腐病和金针虫、蛴螬等病虫害。对于早春干旱少雨地区，应在整好地后灌水 1 次，以保证成活率。

### 2.3.2 接穗采集

从品种母本园的母树上采集生长健壮、芽体饱满、无病虫害的 1 年生枝作为接穗，可在休眠期或生长季采集。在休眠期采集的接穗，采后应在冷库中贮藏，或蜡封保存。在冷库内贮藏时，将接穗下半部埋在湿沙中，上半部露在外面，捆与捆之间用湿沙隔离，保持库内温度<4℃，湿度>90％。贮藏期间经常检查沙子的湿度和库内的温度，防止接穗发热霉烂或失水风干。若无冷库，也可于土壤封冻前在冷凉干燥的背阴处挖贮藏沟。沟深 80cm，宽 100cm，长度依接穗多少而定。先在沟内铺 2～3cm 厚的干净河沙，将接穗倾斜摆放在沟内，然后填充河沙至接穗全部埋没，沟面覆盖防雨材料。用石蜡封存的接穗只用于枝接，根据嫁接的需要，将其剪成适宜的长度，先剪截后蜡封、扎捆，长短要整齐一致。封蜡时，须先将石蜡放入较深的容器中加热熔化，待蜡温升到 95～102℃时，迅速将接穗的一头放入石蜡中蘸一下，然后速蘸另一头，时间不要超过 1s，使整条接穗的表面都均匀地附上一层薄薄的石蜡。蜡温不要过低或过高，过低则蜡层厚，易脱落，过高则易烫伤接穗。蜡封接穗要完全凉透后再收集贮藏。生长季采集的接穗要随采随用，采后立即剪去叶片，减少水分蒸发。剪叶时留下长 1cm 左右的叶柄，以利于作业和检查嫁接成活率。暂时不用的接穗须存放在阴凉处，切勿在烈日下暴晒。短时间用不完的接穗，须将下端用湿沙培好，并经常喷水保湿，以防接穗失水而影响成活。

## 2.4 嫁接技术

在矮化砧木上嫁接苹果品种，常采用枝接法和芽接法。

### 2.4.1 枝接法

#### 2.4.1.1 单芽切腹接

单芽切腹接具有嫁接速度快、所需设备简单以及存活率高等优点，是我国目前苹果春季嫁接的一种主要方式。在进行单芽切腹接时，应当在矮化砧木离地面 15cm 处平茬，用果枝剪在平茬处斜剪一个长度为 2～3cm 的切口，接穗留 1 个芽，将两面削成长 2～3cm 的斜面，保证有芽侧稍厚，无芽侧稍薄。同时在切口中插入削好的接穗，保证接穗较薄的一面朝内、较厚的一面朝外，同时保证接穗的形成层和砧木对齐，并包扎严密，防止透水和透气。芽眼处只需包扎一层厚度为 0.004mm 的薄膜。

#### 2.4.1.2 切接

切接有苗木嫁接后生长速度快和愈合良好的优点，同时也有嫁接速度慢的缺点。切接技术的使用对嫁接砧木的要求相对较高，只能在嫁接砧木较粗的情况下使用。在进行切接时，应当将接穗先削成 2～3cm 和 1cm 左右的两个长短削面，同时接穗应当保证有2～3 个留芽。切接的平茬同样是在砧木离地面 15cm 处，在木质部向下切一道 3～4cm 的直切口，并按照长削面朝内、短削面朝外的方式在切口中插入接穗，并和形成层对齐，同时用塑料薄膜包扎好。

### 2.4.2 芽接方法

通常于秋季 8 月上旬到 9 月上旬进行，此时接穗和砧木的皮层最易剥离，易成活，接得也快。接得过早，芽的生长不充实，芽当年萌发，冬季易冻死；接得过晚，芽的生长迟缓剥不开皮，接穗和砧木不易愈合，成活率低。用双刃芽接刀先在芽上方 2cm 左右处向芽下方斜削 1 刀，再在芽下方 1cm 左右处斜切（呈 30°角）到第 1 刀口的底部，芽片长 2.5～3cm，厚度不超过接穗粗度的 1/2。砧木接口削法和接芽削法相同，但削面应比芽稍长，深度不能超过砧木粗度的 1/3，然后快速进行绑缚或用接蜡处理。

嫁接组合苗按在圃内生长时间长短分为 3 种。

① 1 年生苗：8～9 月在新梢下部光滑处芽接苹果品种，接芽当年不萌发（称为芽接半成品苗）；第 2 年春天从接芽上部剪砧，接芽

萌发，经圃内整形，年末出圃。

② 9个月苗：4月将室内枝接好的苹果苗（春季枝接半成品苗）定植在苗圃内，在圃内整形，当年出圃。以上两种苗都可称为1年生成苗。

③ 2年生苗：4月将嫁接好的苹果苗（春季枝接半成品苗或芽接半成品苗）按株行距30cm×90cm定植在苗圃内，保留接穗一个芽萌发生长，可长至1.5m左右，年内不出圃；第2年早春在距地面60cm处短截，保留剪口第1芽生长，经圃内整形，年末出圃。苗木在苗圃定植后每株苗插一根立杆，将嫁接苗抽生的新梢分次绑缚于立杆上，进行常规肥水管理和病虫害防治，保证苗木正常生长达到矮化砧苹果苗的规格和质量。这是决定结果早晚和建园效果的关键。

## 2.5 嫁接苗管理

### 2.5.1 检查成活，解绑和补接

秋季嫁接伤口愈合较快，接后10天左右即可检查成活情况。凡接芽保持新鲜状态，若芽片上的叶柄用手一触即落，则说明接芽已经成活；若芽片干缩、叶柄干枯，则未成活，需要立即进行补接。接芽成活后即可解绑，解绑过早会影响接芽的成活，解绑过晚会影响接芽的生长和苗体加粗。

### 2.5.2 剪砧和除萌

第2年春季在接芽开始萌发前剪砧。剪砧时用锐利的枝剪刃面在接芽上方0.5cm左右处剪截，并向接芽对面稍微倾斜。剪口不能离接芽太近，更不能伤及接芽。注意防止劈裂，以免影响接芽成活。剪砧后，随时去除砧木基部的萌蘖，以防影响苗木生长。

## 2.6 土肥水管理

矮化苹果苗木繁育的一个重要环节是加大肥水使用量。在整地施

基肥的基础上，生长期应及时进行追肥和叶面喷肥。前期追肥以氮肥为主，后期需增加磷肥。全年灌水 4 次以上，在嫁接苗速长期，结合灌水追施氮肥，施肥量根据苗木生长状况而定，一般施尿素或磷酸氢二铵 120～150kg/hm$^2$。立秋后要停用氮肥并控水，以防徒长，结合病虫害防治进行 2～3 次的叶面喷肥（0.3%～0.5%磷酸二氢钾溶液），及时中耕除草和防治病虫害。

## 2.7 培养分枝大苗

选用生长一致的壮苗，按行距 0.3m、株距 0.9m 栽植，栽植后 0.6m 定干。发芽后保持第 1 芽直立生长。在整个生长季随时除掉其他萌芽，使 0.6m 短截处以下保持光滑。矮化自根砧苗的所有侧枝都出自当年的直立新梢。第 1 个侧枝距地面 0.8～0.9m，即剪口芽新梢生长至 20cm 时，抽生第 1 个二次梢。一级苗要保证至少有 7 个长度超过 30cm 的侧枝，通常在 10 个左右。这样的苗木在果园定植后的 2～3 年中基本不用修剪，几乎所有的侧枝都可用于结果。培养带分枝大苗的关键是如何在当年生新梢上促发二次梢，以形成足够的侧枝。目前促发二次梢主要靠喷布 6-BA（6-苄氨基腺嘌呤）。在剪口芽抽生新梢长至 15～20cm 时，开始喷布浓度为 500mg/L 的 6-BA，并添加少许展着剂。展着剂要适量，不加或太少则药液不能附着到带毛的幼叶上，太多则有可能灼伤幼叶。每周 1 次，连喷 4～6 次。在生长季对促发的二次新梢要随时注意开张角度，以控制侧枝的生长粗度，促进部分当年成花。最终形成 3 年生根系、2 年生主干、1 年生中心干并着生 6～12 个二次侧枝的矮化自根砧苹果苗木，即可出圃。

(a)

(b)

M9T337 压条育苗

M9T337 矮化自根砧苹果苗木繁育

M9T337 组培育苗

第3章

# 苹果品种保存展示圃建设技术

苹果品种保存展示圃主要用于保存国内外各类苹果品种及砧木种质资源，展示不同苹果品种（含砧木）的生长及结果等习性。通过逐年观察记录并评价圃内各品种生长与结果习性、适应性、抗逆性、遗传稳定性的方式，确定有推广价值的优良品种和砧木，同时可满足对外提供接穗的需求。建设苹果品种保存展示圃可以有效降低苹果品种及砧木资源的应用及再评价风险，降低了苗木推广成本。

## 3.1 术语与定义

### 3.1.1 苹果无病毒母本树

用苹果无病毒原种材料繁育的用于提供品种或营养系砧木繁殖材料的无病毒母株。

### 3.1.2 苹果无病毒砧木

用无病毒营养系砧木母本树材料繁育的营养系砧木，或者未经嫁接的没有感染病毒的实生砧木。

### 3.1.3 苹果无病毒苗木

用无病毒接穗和无病毒砧木繁育的苹果嫁接苗，或者无病毒材料通过组织培养方法繁育的苹果自根砧苗。

### 3.1.4 种质资源

种质资源是指具有利用价值的果树遗传物质的总体。主要指种子和各种无性繁殖用的器官、组织等。包括：

① 对果树育种工作有特殊价值的种、变种、品种、品系和杂种；

② 具有特定用途，如用作果树砧木、中间砧、病毒病害指示植物的野生种和栽培品种；

③ 能直接用于生产的品种和品系，包括需要作为一个独立实体的突变体等；

④ 具有潜在用途但目前还不了解的野生种和变种。

种质资源又叫品种资源或遗传资源。

## 3.2 圃地选址与规划

### 3.2.1 圃地选址

圃地宜选择背风向阳、地势开阔规整、交通方便、远离污染源的地块，无检疫性病虫害，周边生态环境良好，有充足水资源且排灌水条件良好，地下水位不超过1.5m。前10年内应未繁育过苹果、梨等仁果类苗木。

圃地四周宜建设防风林带或绿篱隔离带，树种为适应当地气候条件、生长快、易成活且与苹果没有共生病虫害的乔灌木。圃地周边15m内应无杨树、槐树、榆树等，500m内应无苹果树、梨树等仁果类果树，周边5km内应无龙柏、塔柏、圆柏等圆柏类林木。

### 3.2.2 土壤条件

土壤肥沃，pH 6.0～7.5，土质为沙壤土、壤土或轻黏壤土，土层深度大于80cm。

### 3.2.3 圃地规划

根据圃地建设面积和引进、培育的苹果品种及砧木类型的数量，结合地形地貌，按品种特性、砧木特点及发展趋势，合理设置种植小区。在便于机械化管理的同时，最大限度地保存国内外各类种质资源，包括苹果品种及砧木资源。

做好排灌系统、道路、建筑物、土地平整和土壤改良等的规划。

## 3.3 栽植

### 3.3.1 砧木选择

根据立地条件选择适宜的无病毒砧木，包括常用的M9T337、JM7等脱毒的砧木类型。

### 3.3.2 品种选择

根据市场需求和品种特性，主要选择适合本地种植并具有发展潜力的红富士系列、威海金、嘎拉系列、华硕、青林、宫藤、藤牧1号等新优品种及品系。

### 3.3.3 定植

选择嫁接口愈合良好、发育健壮的苹果无病毒母本树或无病毒苗木，宜为带分枝大苗。每品种可定植5～20棵。行向以南北为好，株距0.8～1.5m，行距2.8～4.5m。

按品系、品种、株系和砧木类型集中栽植，不得混杂。按定植顺序编号，并做好标记。定植后绘制品种等分布图存档。

## 3.4 栽培与运用

### 3.4.1 栽培管理

加强栽后管理，维持健壮中庸树势，营养与生殖生长正常。具体的栽植管理技术措施同普通商业化苹果园。

### 3.4.2 展示运用

保存、评价品种和砧木资源；展示不同苹果品种（含砧木）的生长及结果等习性；逐年持续观察树体生长结果特性及果实的经济性状，并根据数年的观察及综合评价，确定有推广价值的优良品种和砧木。

首次结果且确认品种无误后，应保持该植株具备提供少量接穗的能力。

## 3.5 病毒检测

在生产管理过程中，若发现病毒植株应立即进行清除等处理。每5年进行1次病毒检测。

## 3.6 观察记录

逐年观察记录圃内各品种的生长与结果习性、适应性、抗逆性及遗传稳定性，建立技术档案。

① 记录各品种、砧木（砧穗组合）株系的生长量（干周、树高、枝展、新梢生长量），始花、始果年龄，产量等，不得间断和遗漏。比对分析果实大小、硬脆度、可溶性固形物、果形指数、果面着色程度、总酚与花青苷含量、抗氧化能力以及类黄酮含量与组分等指标。

② 记录对外提供接穗的品种、数量和接收单位等信息。

(a)

(b)

苹果无病毒品种资源保存

苹果品种保存展示圃

第4章

# 苹果矮砧苗木带木质部嫁接技术

近年来，随着苹果矮化砧木的推广应用，广大苹果适栽区对矮砧苗木的需求逐渐增多。在嵌芽接和“一刀僳”芽接技术的基础上集成的苹果矮砧苗木带木质部嫁接技术，实现了一年四季均可嫁接，有利于矮砧苗木的周年供应。

## 4.1 术语与定义

### 4.1.1 砧木

嫁接繁殖时承受接穗的植株。

### 4.1.2 接穗

用来嫁接在砧木上的品种的枝或芽。

### 4.1.3 露白

在嫁接时，砧木削面大于接芽削面，使砧木削面露出一部分，以利于形成愈伤组织，使嫁接口愈合更牢固。

### 4.1.4 粗度

砧木苗嫁接部位处的直径。

### 4.1.5 休眠期

果树的芽或其他器官没有明显生命活动的时期。

## 4.2 材料与工具准备

修枝剪、嫁接刀、绑缚材料、湿布、水桶等。

绑缚材料可选用嫁接专用塑料薄膜，也可选用厚度为 0.016mm 弹性强的聚乙烯塑料薄膜，提前裁成宽 2.5～3cm、长 12～15cm 的塑料条。

## 4.3 嫁接时间与地点

一年四季均可进行，以春季 3 月中旬至 4 月中旬、夏季 6 月上旬至

7月中旬、秋季8月下旬至9月下旬、冬季落叶后至萌芽前四个时间段为主。

春夏秋季可在圃地内进行，冬季应在室内进行。

## 4.4 砧木和接穗

### 4.4.1 砧木选择

砧木按产区适用的砧木种类来确定。平邑甜茶、青砧系列等可采用种子播种繁殖。也可采用扦插、压条、组培等无性方式繁殖，用于无性繁殖的砧木主要有MM106、JM7、CG41、M9T337、B9等。

砧木应根系完整，生长发育健壮，无病虫害，嫁接时的嫁接部位粗度达到0.5cm以上。

### 4.4.2 接穗的采集和存放

#### 4.4.2.1 接穗的采集

在专用采穗圃内采集。选择品种纯正、生长健壮、无病毒和病虫危害的采穗母树，采集树冠中上部外围的1年生或当年生枝条。接穗应发育充实，芽体饱满，粗度0.4～1.0cm。将采集好的接穗按每50枝成一捆，并附品种标签。

#### 4.4.2.2 接穗的存放

冬、春季嫁接用的接穗，应在冬季休眠期采集。采集的接穗按品种、规格放入内衬塑料袋带孔的箱中，层间放湿锯末，扎紧袋口。箱体外标明品种、规格、数量等信息，存放在相对湿度不小于95%、温度0.5～1.5℃的冷库中。每周检查贮藏情况，应无接穗腐烂和失水皱缩现象。

夏、秋季嫁接用的接穗可随采随用。采集成熟度高的当年生枝条，立即去叶，用湿布、湿麻袋片等包裹，在低温、保湿、避光状态下存放。

运输过程中应采取保湿措施，防止重压、暴晒、风干、雨淋、冻害等情况发生。

## 4.5 嫁接方法

### 4.5.1 芽接位置

矮化自根砧育苗的，嫁接位置在根颈上方25～30cm处；矮化中间砧育苗的，第1次在根颈处向上4～5cm处嫁接矮化砧，第2次在中间矮化砧段上部的20～35cm处嫁接品种。可根据砧木平滑面等实际情况，稍微调整嫁接口的具体高度。

### 4.5.2 带木质部芽接

#### 4.5.2.1 嵌芽接

选择砧木上的光滑部位，由上向下斜切，深达木质部，长度为2～3cm，厚度为接穗直径的1/4～1/3；再从下切口上部适当位置，自皮部向木质部呈45°角斜切一刀，与第一刀下切口部对接，形成一个接口。

选取粗度适合的接穗，选定一个充实饱满的芽体。在芽上方1～2cm处向下斜削一刀，深达木质部，再从芽下方1cm处呈45°角斜切一刀，取下带木质部的芽片。

砧木的切割面应稍大于接芽的切割面，切面光滑。将取下的接穗芽片镶嵌于砧木接口内，对齐芽片与砧木的形成层，露白，芽片较小时需对齐单侧形成层，立即用塑料条包严绑紧砧穗接合部。

#### 4.5.2.2 “一刀僄（piào）”芽接

选择砧木的光滑部位，削成长2.5～3.0cm、深2～3mm的长椭圆形削面，中间厚两头薄。

选取粗度适合的接穗，选定一个充实饱满的芽体，在芽下部1.3～1.5cm处由下向上削切，于芽上方1.2cm切出，削下一个中间厚两头薄的长椭圆形芽片，芽片中间厚2～3mm，取下芽片。

砧木的切割面应稍大于接芽的切割面，切面光滑，整个切割过程应一刀完成。将接穗芽片贴于砧木切口内，使芽片与砧木切口的形成层对齐，露白，芽片较小时要对齐单侧形成层，立即用塑料条包严绑紧砧穗接合部。

## 4.6 接后管理

### 4.6.1 检查成活率

10～20 天后检查嫁接成活率，高温季节 10～15 天可检查。若芽片和芽眼呈新鲜状态，则表明嫁接成活；若芽体皱缩变黑，则表明未成活。未成活的应立即补接。

### 4.6.2 除萌

及时清除砧木的萌芽和萌条。夏季嫁接应保留接口以下的叶片或非竞争性侧枝，待接芽生长至 15cm 以上时再行疏除。

### 4.6.3 剪砧

上年秋季或当年春季在圃内嫁接的，应在春季萌芽前剪砧。当年夏季芽接后立即从接口上部 5cm 处折砧，接芽成活后在接芽上方 0.3～0.5cm 处剪砧。

### 4.6.4 解绑

嫁接成活后第 20 天或新梢生长至 30cm 时，解除嫁接绑带或薄膜。秋季嫁接宜在次年春天萌芽前解绑，与剪砧同时进行。

### 4.6.5 设立支柱

接芽长至 30cm 后，在苗木同一侧插支撑柱，主要有竹竿、钢筋或玻璃纤维棒等，其中玻璃纤维棒粗 8mm，高 1.4m。支撑柱要靠近植株，入土深度为 20～30cm，把萌芽新梢绑缚在支撑柱上。

(a)

(b)

苹果矮砧苗木带木质部嫁接现场

苹果矮砧苗木带木质部嫁接

接穗采集

(a)

(b)

苹果矮砧带木质部苗木成活

第5章

# 苹果矮化自根砧苗木休眠期枝接技术

通常在苗木繁育的嫁接过程中，习惯采用春季枝接或者夏、秋季芽接的方法。但由于这两个季节的适期时间短，而且有的单位又受技术人力不足的限制，所以利用休眠期（树液停止流动期）嫁接就显得尤为重要。此举不仅缓解了人力和时间的不足，而且提高了成苗率。即，以休眠期嫁接为主，辅以春秋季嫁接，提高了砧木的成苗率。

## 5.1 术语与定义

### 5.1.1 砧木

嫁接繁殖时承受接穗的植株。砧木可以是整株果树，也可以是树体的根段或枝段，可固着、支撑接穗，并与接穗愈合后能形成新的植株，新植株的生长结果等发育正常，也称砧木苗。

### 5.1.2 接穗

用来嫁接在砧木上的品种的枝或芽。

### 5.1.3 露白

接穗插入到砧木切口时，不必全部插入，砧木切面外露 1～2mm，以利于分生组织的形成和切口愈合。

## 5.2 砧木和接穗的准备

### 5.2.1 砧木准备

#### 5.2.1.1 砧木品种选择

根据市场需求和立地条件，选择适应性强、亲和力好的自根砧砧木，如 M 系、JM 系、CG 系、B 系等。

#### 5.2.1.2 砧木规格

砧木应符合《苹果无病毒苗木繁育规程》（NY/T 328—2007）中对无性系砧木苗的基本要求，无检疫性病虫害、根系发达、枝条充实、粗度均匀、芽眼饱满、皮部光滑，砧根段的根部着生根簇数量≥3 个，砧苗剪离母株部位向上 35～40cm 处的粗度为 8～12mm，长度为 50～60cm。

#### 5.2.1.3 砧木贮存

按品种规格分别整齐码放在长宽高各1～1.2m有内衬袋的塑料箱或木箱等的贮存箱内，扎紧袋口（注意不是密封，袋体留有透气孔）。箱体外标明数量、品种、规格等。贮存于相对湿度不小于95%、温度为0.5～1.5℃的冷库中。

### 5.2.2 接穗准备

#### 5.2.2.1 接穗采收

采穗母树应具有丰产、稳产、优质的性状。树体生长发育健壮，无检疫对象。接穗枝条应发育充实、皮部光滑、芽体饱满，粗度与砧木苗嫁接部位的粗度相近。

采穗母树叶片转色脱落后至封冻前采集接穗，时间一般为12月初，接穗采集应符合《苹果无病毒苗木繁育规程》（NY/T 328—2007）的规定。

#### 5.2.2.2 接穗处理

接穗采集后，立即进行去叶处理，截成长50cm的枝条。按50～100根绑扎成捆，做好标签，标记品种、数量、采集时间、采集地点、采集人等信息。

#### 5.2.2.3 接穗保存

接穗宜放在有保湿内衬袋的筐中，尽快低温运至冷库内贮存。贮存的全过程中都要做好保湿、保鲜及防冻伤措施。

接穗的贮存环境同5.2.1.3。

## 5.3 嫁接前准备

### 5.3.1 场地选择

选择平坦空阔、照明良好的室内场地，室温16～18℃，空气相对湿度60%～70%，避免阳光直射。

### 5.3.2 工作台准备

工作台可为木制或钢制，长宽高可为（1.1～1.2)m×(0.6～0.8)m×(0.7～0.8)m。嫁接作业主要在工作台的面板上进行，面板外沿标有长度单位刻度。工作台的高度以工作便利、舒适为宜。同时配备可调节高度的凳子。

自工作台面的边沿起，向中间部位划设具有一定长度的标尺，作为保留砧木长度的标准。标尺的长度通常为 40cm。

### 5.3.3 封蜡台准备

封蜡台为长 2m、宽 1.5m、高 0.9m 的木质或钢制平台，中间固定放置两根长 2m、间距 0.3m、直径 5cm 的铁管。操作台正中放置具有加热功能的石蜡锅及石蜡。

### 5.3.4 嫁接用工具物资准备

① 嫁接工具：修枝剪、嫁接刀、磨刀石等。

② 其他材料：绑带、石蜡、塑料盆或盘、高锰酸钾、丝光绳、贮存箱内衬袋、小喷壶、标签钉枪、规格为 110cm×110cm×70cm 的贮存筐、温度计、湿度计、水浴锅、钢管、毛刷、标签、签字笔、胶皮手套、医用小药箱、消毒液、盛废物的塑料桶以及抹布等。

## 5.4 嫁接

### 5.4.1 嫁接时间

11 月中下旬至翌年 3 月。

### 5.4.2 嫁接方法

宜采用离体双舌枝接法。

### 5.4.3 嫁接技术与流程

#### 5.4.3.1 嫁接场地消毒

用浓度为 3%～5%的 84 消毒液等消毒剂对室内嫁接场地进行喷

洒消毒，喷洒后紧闭门窗 24～36h。也可采用紫外线灯等其他方式消毒。

长时期嫁接时，可在当天工作结束后用消毒剂消毒，第 2 天在上班前 2h 打开门窗通风。

#### 5.4.3.2 工具消毒与工作台清理

每天定时消毒嫁接刀和修枝剪两次，做好消毒记录。

取出半瓶盖的高锰酸钾放到消毒盆内，用适量清水进行溶解，将嫁接刀和剪刀的剪削部分立着放入盆中，浸泡时间不少于 10min。从消毒盆内取出，用清水清洗干净，晾干或擦干备用。也可采用 75% 乙醇消毒。

及时清理处置遗弃在工作台上的残叶、木屑和枝段，保持工作台面的整洁、有序。

#### 5.4.3.3 砧木削制

(1) 截定砧长

砧木根部抵顶住嫁接工作台上的标尺，剪截掉 40cm 以上的主干。

(2) 削切斜面

左手大拇指摁住已选择位置处的芽体，大拇指和芽的方向都朝向自己。右手握住嫁接刀，也是大拇指朝里，其他四指朝外，从芽体背面距离芽体向下 1.5cm 处入刀，削出长度≥3cm 的光滑无棱的斜面。在削斜面的过程中右手握刀的大拇指也要随着刀前进的方向一起移动，以防伤着拇指。由于接穗较粗，因此在选择较粗砧木时，可在有芽的适宜位置先用剪刀剪一个类似的斜面，再用嫁接刀削成最终斜面。

(3) 削面回切

在砧木削面由上往下的 1/3 处，顺砧木斜面往下切 1～2cm 的纵切口。在斜面 1.5cm 处回切一刀，回切长度恰好是斜面长度的 1/2。

#### 5.4.3.4 削切接穗

接穗的削切方法和要求与削砧木相同。接穗削好后，在顶芽上方 1cm 处将其剪断，一般保留 3 个饱满芽，其中 2 个芽用于保证品种成活和正常生长，另1个芽在斜面背面，用于促进嫁接口愈伤组织形成，长度为5～6cm。

削取砧木与接穗均要求嫁接刀锋利，一次成功。斜削面应平滑干净，保证适宜的回切厚度，以便砧木与接穗能够充分对接。

分批削制好适量的接穗，放入塑料盆或盘中，用湿布盖好，待用。

#### 5.4.3.5 对齐接口

选取粗度、斜面和切口长度基本一致的砧木和接穗进行组合，将接穗切口向下插入砧木切口，对齐砧、穗削面的形成层，舌片交叉对接，相互咬紧。

若砧木与接穗的粗细不一致，砧木的粗度应大于接穗的粗度。对接时应确保接穗形成层与砧木一侧形成层对齐。

若两者斜面长度不一致，而粗细程度相一致，则应再次进行适当的削剪，使二者的形成层充分接触，接口部位宜露白。

#### 5.4.3.6 接口绑扎

用绑扎带和嫁接膜包严嫁接口，严防接穗失水和松动。绑扎程度以用手轻微晃动接穗部分时，砧穗不能分离为好。

#### 5.4.3.7 接口蜡封与蘸蜡

将成块的石蜡掰碎放入水浴锅内进行加热熔化，溶液温度处于72～80℃时可进行蘸蜡操作。

嫁接好的苗木，5～10株为一组，对齐蘸蜡部位，蘸入石蜡溶液后的停留时间小于1s，深度至嫁接口以下。将蘸好蜡的嫁接苗分株散开晾放在封蜡台的铁管上进行晾干固化，株距2cm为宜。

蜡温不宜过低或过高，过低则蜡层厚、易脱落，过高则易烫伤接穗。

#### 5.4.3.8 捆扎计数

嫁接苗晾干固化后，对齐苗木根部，每50～100株扎成一捆，用丝光绳等材料捆紧。

#### 5.4.3.9 标签及查验

捆扎后应悬挂苗木标签，标签上注明砧木类型、品种名称、苗木数量、嫁接时间、嫁接人员等信息；准备贮存箱，箱体上标记砧木和品种的名称、规格及数量，二者标签信息内容应一致。

核实后的明细表等相关信息应整理到日志等档案中，以便于日后查验。

## 5.5 包装和贮存

### 5.5.1 装箱封口

打捆后嫁接苗的根部朝下，装入有内衬袋（底部铺有一层湿锯末）的贮存箱内，根部覆盖一层湿锯末，可喷布杀菌剂。扎紧内衬袋，入库贮存。

### 5.5.2 入库贮存

嫁接苗应贮存在相对湿度不小于95%、温度为0.5～1.5℃的冷库中，贮存时间不宜超过6个月。

苹果矮化自根砧苗木休眠期枝接现场

苹果矮化自根砧苗木休眠期枝接

第6章

# 苹果矮化中间砧苗木繁育技术

苹果矮化中间砧苗木繁育是指用海棠或新疆野苹果繁育的实生苗作为基砧，在基砧上嫁接矮化砧控制树体生长，再在矮化砧上嫁接苹果品种的繁育方法。苹果矮化中间砧苗树体生长量较大，且根系较为发达，固地性相对较好。本章通过阐述矮化中间砧苗木繁育技术要点以及成苗后期管理的相关措施，为培育苹果矮化中间砧苗木提供技术支持。

## 6.1 术语与定义

### 6.1.1 砧木

嫁接繁殖时承受接穗的植株，可以是整株果树，也可以是树体的根段或枝段。

### 6.1.2 接穗

用来嫁接繁殖的具有稳定遗传性状的果树母本的芽、枝。

### 6.1.3 嫁接

把果树的枝或芽，接合到砧木的茎或根上，形成一个完整新个体的繁殖方法。

### 6.1.4 萌蘖

苗木在繁育过程中，从砧木基部萌发生长的枝条。

### 6.1.5 剪砧

把嫁接成活的苗木接口以上的砧段剪去。

### 6.1.6 苗木高度

根颈部位至嫁接品种茎梢端芽基部的距离。

### 6.1.7 苗木粗度

第一嫁接口上10cm处的直径。

## 6.2 圃地选择

宜选择背风向阳、地势开阔规整、交通方便、远离污染源、相对独立的圃地。土质以沙壤土、壤土或轻黏壤土为好，土壤pH 6.0～

7.5，土层深度大于 80cm；排水、浇水条件良好，地下水位不超过 1.5m；周边或园区内有充足水资源；前 10 年内未繁育过苹果、梨等仁果类苗木，圃内无检疫性病虫害。

园区生态环境良好，周边无污染源，位置相对独立，四周宜建设防风林带或绿篱隔离带，树种为适应当地气候条件、生长快、易成活且与苹果没有共生病虫害的乔灌木。圃地周边 15m 内应无杨树、槐树、榆树等，周边 500m 内应无苹果树、梨树等仁果类果树，周边 5km 内应无龙柏、塔柏、圆柏等圆柏类林木。

## 6.3 土地准备

### 6.3.1 土地平整

定植前一年秋季或当年春季深耕土地，深度达到 50～80cm，并进行平整。

### 6.3.2 土壤改良

春季栽植前 1～2 个月施用磷酸二氢铵或磷酸氢二铵 50～100kg/亩，腐熟牛粪等优质土杂肥 10～12$m^3$/亩，同时土内施入能够防治根部病虫害的杀菌、杀虫剂后深耕，具体按《农药合理使用准则》（GB/T 8321）执行。

### 6.3.3 基础设施及排灌系统建设

完善水电路渠等基础设施建设，配套安装滴灌、管灌、喷灌及肥水一体化设备，规划建设好排涝系统，确保积水及时排出。

## 6.4 基砧木培育

### 6.4.1 种子选择

选取籽粒饱满，无杂质，无传染性病虫害的种子。

品种可选择圆叶海棠、八棱海棠、平邑甜茶、新疆野苹果等，优选平邑甜茶、青砧系列等品种。

### 6.4.2 层积时间

12 月中下旬至 1 月上旬开始层积，层积时间为 30～45 天。

### 6.4.3 层积方法

准备好干净的河沙，筛好备用，沙的细度要小于种子的直径。层积前宜将种子放入温清水中浸泡 2～3h。

宜选择背阴、高燥不积水、无鼠虫危害的地块挖条形层积沟，深度 20～60cm，宽度 50～60cm，长度视种子数量而定。层积沟底铺 10cm 厚的细沙，其上堆放种沙混合物。种、沙体积比为 1∶5～1∶10，湿度以手握能成团、一触即散为宜。最后覆盖一层 15～30cm 厚的湿沙，应高出地面 10cm，顶部覆盖有防雨雪材料。

种子量少时，可将拌好的种沙混合物装入透气性好的层积袋，置于冷库、房屋、地下室等背阴地的湿沙堆内层积，适宜环境温度 2～7℃。

### 6.4.4 层积管理

在层积袋或层积沟上插标签，注明种子名称、层积处理日期、种子数量和操作人等。

层积期间应经常检查种子的温度、湿度情况，避免种子发芽或霉烂，防止鼠、虫害。

### 6.4.5 整地育苗

#### 6.4.5.1 砧圃准备

耕翻平整砧木圃地，整修育苗畦，畦宽 1.2m，畦长 20m。

#### 6.4.5.2 育苗

2 月底至 3 月上旬，在土壤解冻后、层积种子有 5%萌动时播种。

播种前应重新松土，耙平苗床，灌足底水。一个畦面撒种 1～1.5kg，撒播后盖 1cm 厚的细沙土。喷施多菌灵，覆盖白色地膜，搭建小拱棚。

在70%种子出苗时撤去地膜，立即喷布防治立枯病的药剂。注意放风调节小拱棚内的温度，不可高于35℃。

当幼苗长出3～4片真叶时，适当控水、放风炼苗，逐步撤除拱棚，随时拔除圃内杂草。

### 6.4.6 移栽

#### 6.4.6.1 土壤准备

移栽前起垄、做畦，畦宽90cm，垄高25cm。其中，畦垄宽45cm，畦沟宽45cm。畦内撒施肥料，施用量为有机肥1000kg/亩、复合肥25kg/亩，畦内旋耕均匀，摊平，灌透水。宜配套移动水肥一体化的滴灌或喷灌系统。

#### 6.4.6.2 移栽时间

春季10cm地温稳定达到5℃以上，幼苗真叶不超过5片时进行移栽。威海以4月上旬为佳。

#### 6.4.6.3 移栽定植

畦沟内栽两行幼苗，行距25cm，株距15～20cm，每亩栽小苗7000～8000株。

矮化中间砧带分枝大苗的株行距为（0.3～0.4）m×（0.7～0.85）m，每亩栽幼苗1950～3100株。

选择无风、阴天、气温不超过25℃的天气随起随栽，剔除弱、小、畸形苗。栽后灌透水。

#### 6.4.6.4 苗期管理

移栽后的1～2周应连续灌溉，保持土壤相对湿度为70%～80%。此后视土壤墒情，按需供水。

苗期宜喷50%多菌灵500倍液或10%苯醚甲环唑2000倍液等药剂，喷布叶面肥3～5次，随时清除杂草。

其他苗期土肥水管理和病虫害管理按照《苹果苗木繁育技术规程》（NY/T 1085—2006）执行。

## 6.5 嫁接中间砧

### 6.5.1 嫁接时间

当年 8 月中下旬至 9 月中下旬，基砧苗嫁接口处的粗度达到 0.6cm 以上时嫁接中间砧，接芽当年不萌发。也可在次年春季萌芽前进行芽接或枝接。

### 6.5.2 嫁接方法

秋季宜采用带木质部芽接法，主要为嵌芽接或“一刀僄”芽接。嫁接位置在基砧苗根颈上方的 10～15cm 处。

可用作中间砧的类型主要有 JM7、M26、B9、M9T337 及 CG 系等，接穗来自砧木采穗圃，现采现用。

嫁接前应先浇一次透水，接后 10 天内不宜浇水，此后按需浇水。

### 6.5.3 接后管理

接后 20 天检查成活情况，如未成活应再次嫁接。

次年 3 月下旬至 4 月上旬，在砧芽上方 1～1.5cm 处剪砧。及时解膜松绑。

当接芽长到 30cm 时，在苗木同一侧插支撑柱。支撑柱的材料有竹竿、钢筋或玻璃纤维棒等。其中，玻璃纤维棒粗 8mm，高 1.4m。支撑柱要靠近植株，入土深度为 20～30cm。新梢生长至 30cm 以上时，进行第 1 次绑扎，可采用多功能绑蔓绑枝机等把新梢直立绑扎到立杆上，以后每生长 20～30cm 时绑扎 1 次，共需绑扎 3～4 次。

及时清除砧木萌蘖以及行间杂草。

## 6.6 嫁接品种

### 6.6.1 夏季嫁接

#### 6.6.1.1 嫁接时间

次年 6 月上中旬至 7 月上旬，矮化中间砧芽生长至 50cm 时进行嫁接。

#### 6.6.1.2 接穗

宜选用冷风库内存放的上年休眠期采集的一年生枝作为接穗；也可从采穗圃内剪取当年萌发的新梢作为接穗，采后立即去掉叶片，现采现用。

#### 6.6.1.3 嫁接方法

采用带木质部芽接法进行嫁接，中间砧段的保留高度为 20～35cm。

#### 6.6.1.4 接后管理

接后 15～20 天内检查成活情况，剪砧、除蘖、绑扎带等管理同 6.5.3 接后管理。

夏季高温，病虫害偏多，应及时防治，并加强肥水管理。

#### 6.6.1.5 出圃

品种嫁接当年即可培育出不带分枝的独主干矮化中间砧苗木，其中 80％的苗木高度可达到 1.5m 以上。宜继续培育，成为带分枝大苗后再出圃。

### 6.6.2 秋季嫁接

#### 6.6.2.1 嫁接时间

秋季嫁接在次年 8 月中下旬至 9 月中下旬期间进行，在矮化中间砧段上嫁接品种，矮化砧段留 20～35cm。嫁接后的越冬期间宜不剪砧、不松绑。

#### 6.6.2.2 嫁接方法

嵌芽接或“一刀僳”芽接。

#### 6.6.2.3 接后管理

第三年春，在品种芽上方 1cm 处剪砧，同时解除嫁接绑绳。

及时去除萌蘖，抹除中间砧的萌芽，剪除品种萌发后地上部分 60cm 以下的二次枝。

#### 6.6.2.4 出圃

至第三年生长季结束，即可培育出不带分枝的独主干中间砧优质苗木。此类苗木 95%的高度可达到 1.5m 以上。宜继续培育，成为带分枝大苗后再出圃。

## 6.7 带分枝大苗培育

对第二年秋季落叶后至封冻前以及第三年土壤解冻后至萌芽前不出圃的保留苗木，于第三年春季萌芽前，在离地面 75～80cm 处剪截定干。检查品种萌芽情况，顶梢生长至 20～30cm 时，选留一个健壮的品种新梢直立生长，去除全部萌蘖。全年需除蘖 2～3 次。当新梢生长至一定高度时，可采取剪（掐）顶叶和喷施生长调节剂等方法进行处理，持续到 8 月上旬末。两种技术措施可单独使用，也可交替使用，两次间隔时间 7～10 天，全年共进行 3～4 次。应依据本地立地条件，在实验验证的基础上，适当调整生长调节剂的喷施浓度。绑扎带等管理同 6.5.3 接后管理。

### 6.7.1 剪（掐）顶叶

当剪口第一芽生长至 15～20cm 时进行剪（掐）顶叶。用左手拇指和食指收拢顶部新萌发且尚未完全展开的全部幼叶，拇指甲盖略高于新梢的生长点，让顶端幼叶片的上半部分露出，用右手的拇指甲或剪刀掐（剪）掉露出的叶片，应避免损伤顶芽生长点，一周一次。如果新梢生长和叶片展出很快，可 3～5 天一次。

### 6.7.2 喷施生长调节剂

（1）喷布普洛马林（Promalin）

普洛马林的使用浓度为1%～2.5%，加少许展着剂。在剪口芽抽生新梢长至15～20cm时喷布，全年只喷1次，之后与剪除幼叶或喷布6-BA结合使用。用手持喷雾器喷新梢顶部，至顶部湿润有液滴下滴为止。

（2）喷布6-BA

6-BA的使用浓度为1000～2000mg/L，加少许展着剂。剪口芽抽生新梢长至15～20cm时开始喷布，喷洒时应点喷顶端生长点。单株耗药量3～5mL，每周1次，连喷3～4次，环境温度以25～29℃为宜。喷1～2次后，可与剪除幼叶结合操作。

## 6.8 起苗

起苗时间一般为秋季苗木落叶后至土壤结冻前，或翌年春季土壤解冻后至萌芽前。

起苗时应保持根系完整，剔除病虫苗。

矮化中间砧带分枝苹果苗木的出圃标准可分为特级、1级、2级、3级共4个级别，分级标准见表6.1。

**表6.1 矮化中间砧带分枝苹果苗木出圃分级标准**

| 项目 | 特级 | 1级 | 2级 | 3级 |
|---|---|---|---|---|
| 基本要求 | 品种和砧木类型纯正；嫁接部位愈合良好；苗木健壮、主干直立，侧枝分布均匀合理、角度开张，枝条充实、芽体饱满；侧根或须根较多，断根少；无检疫对象和其他严重病虫害，无冻害和明显机械损伤。品种龄2～3年生，根砧龄3～4年生 | | | |
| 苗木高度（无修剪）/cm | ≥180 | ≥180 | ≥150，且<180 | <150 |
| 苗木粗度/cm | ≥2.0 | ≥1.5 | ≥1.2 | ≥0.8 |
| 最低位侧枝高度/cm | ≥70 | | | |

续表

| 项目 | 特级 | 1级 | 2级 | 3级 |
| --- | --- | --- | --- | --- |
| $D\geqslant 0.3$cm，$L\geqslant 20$cm的侧枝数量/条 | ≥10 | ≥7 | ≥5 | <5 |
| 中间砧木段长度/cm（两个嫁接口之间） | 20～35 | | | |
| 第一嫁接口至地面高度/cm | 5～10 | | | |
| 苗木根系：侧根长度（无修剪）/cm | ≥20 | | | |
| 苗木根系：侧根数量/条 | ≥10 | ≥10 | ≥8 | ≥6 |
| 主干倾斜度/° | ≤5 | | | |
| 根皮和茎皮 | 枝干光滑，苗木整体成熟度好；树皮新鲜，失水少且无干缩皱皮；无新损伤皮，老损伤处总面积不超过1.0cm$^2$ | | | |

注：1. $D$ 指粗度，$L$ 指长度。

2. 主干倾斜度是指苗木主干方向与地面垂直方向之间的夹角。

## 6.9 包装贮运

### 6.9.1 包装

按砧木、品种和等级定量包装，以10株/包或20株/包为宜。包内苗木根、茎处应填充保湿材料。包内外附有苗木标签。标签上有品种、砧木、规格、是否脱毒、生产单位及商标等信息。

### 6.9.2 贮藏运输

苗木应保存在温度0.5～1.5℃、相对湿度不小于95%的冷库中。贮藏期不宜超过6个月。贮藏期内不得与能释放乙烯气体的农产品混放。

运输过程中应采取保湿措施，防止重压、暴晒、风干、雨淋、冻害等情况发生。

### 6.9.3 检疫调运

苗木出售前须经当地植物检疫部门检验。产地检疫按《苹果苗木产地检疫规程》（GB 8370—2009）的规定执行，苗木调运按《农业植物调运检疫规程》（GB 15569—2009）的规定执行。

苹果矮化中间砧苗木繁育

第7章

# 苹果矮化自根砧成品苗木繁育技术

用苹果矮化砧作为根系嫁接的苗木，品种嫁接在矮化砧上，直接利用矮化砧的根系，只嫁接一次。这类苗木统称为苹果矮化自根砧苗木。苹果矮化自根砧苗木具有并保持着母株的优良遗传特性，矮化效果显著，株间遗传差异小，苗木整齐度和一致性高，适合密植栽培，建园整齐度高。为了更好地推广矮化自根砧成品苗木，本章将矮化自根砧苗木繁育技术进行了规范，以期为矮化自根砧苗木的推广应用提供技术支持和参考。

## 7.1 术语与定义

### 7.1.1 砧木

嫁接繁殖时承受接穗的植株，可以是整株果树，也可以是树体的根段或枝段。

### 7.1.2 接穗

用来嫁接在砧木上的品种的枝或芽。

### 7.1.3 嫁接

把果树的枝或芽，接合到砧木的茎或根上，形成一个完整新个体的繁殖方法。

### 7.1.4 芽苗

采用枝接或芽接的方式，将砧木与接穗嫁接在一起且接芽未萌发的苗木。

### 7.1.5 萌蘖

苗木在繁育过程中，从砧木基部萌发生长的枝梢。

### 7.1.6 剪砧

将嫁接成活的苗木接口以上的砧木剪除。

### 7.1.7 2年生带分枝大苗

指砧木根龄 2 年、嫁接口以上品种龄 1 年的矮化自根砧圃内整形苗木。苗木高度大于 1.5m，定干部位以上的中心干上均匀着生 7～15 个 20cm 以上、角度开张的当年萌发的二次枝（侧枝）。

### 7.1.8 3年生带分枝大苗

指砧木根龄 3 年，嫁接口至定干部位（主干）的品种龄 2 年，定干部位以上品种龄 1 年的矮化自根砧圃内整形苗木。苗木高度大于 1.5m，定干部位以上的中心干上均匀着生 7～15 个 20cm 以上、角度开张的当年萌发的二次枝（侧枝）。也称“快利普”带分枝大苗。

## 7.2 圃地选择

宜选择背风向阳、地势开阔、交通方便、远离污染源的地块。土壤肥沃，土质为沙壤土、壤土或轻黏壤土，pH 6.0～7.5，土层深度大于80cm，地下水位不超过1.5m，灌溉水源充足，具有较好的排灌设施；前10年内未繁育过苹果、梨等苗木，圃内无检疫性病虫害。

园区生态环境良好，四周宜建设防风林带或绿篱隔离带，树种为适应当地气候条件、生长快、易成活且与苹果没有共生病虫害的乔灌木。圃地周边15m内应无杨树、槐树、榆树等，周边500m内应无苹果树、梨树等仁果类果树，周边5km内应无龙柏、塔柏、圆柏等圆柏类林木。

## 7.3 土地准备

### 7.3.1 土壤改良

秋季或翌年根据土壤条件施入基肥。一般每亩施用磷酸二氢铵或磷酸氢二铵20～50kg，腐熟牛粪等优质土杂肥2～10m$^3$，同时施入噻唑膦、辛硫磷颗粒剂、棉隆等杀菌、杀虫剂。施入肥料和农药后进行深耕，具体按《农药合理使用准则》（GB/T 8321）执行。

### 7.3.2 土地平整

定植前，依据种植小区的地形地势情况，对深耕过的土地进行平整，深度达到50～80cm。

### 7.3.3 基础设施及排灌系统建设

在建设水电、路渠等基础配套设施的基础上，配备必要的滴灌、喷灌、管灌及水肥一体化设施。同时，要加强排水系统的建设，确保汛期及时排除田间积水。

### 7.3.4 道路规划

在合理规划和建设生产管理场所及主要交通运输道路的同时，要规划建设好田间地头的机械作业道路。机械作业道路的宽度一般为4～10m。

## 7.4 芽苗定植

### 7.4.1 时间

芽苗定植时间为3月中下旬至4月初，在苗木萌发前完成定植任务。

### 7.4.2 株行距

根据土壤肥力水平，苗木定植株行距一般为(25～40)cm×(60～80)cm。

### 7.4.3 栽植方法

按确定的行距，沿行向开挖深25～30cm的定植沟，按株距要求进行栽植。栽植深度一般为20cm左右。栽植时要使根系舒展，扶正苗木，栽后覆土踏实，随即浇一次透水。

## 7.5 栽后管理

### 7.5.1 除花

接穗上有花蕾长出时，不宜立即掐除，应在花序分离期剪除。

### 7.5.2 除蘖

检查品种的萌芽情况，顶梢生长至20～30cm时，选留一个健壮的品种新梢，去除全部萌蘖。全年需除蘖2～3次。

### 7.5.3 插立杆

当接芽长到30cm左右时，在苗木同一侧插立杆。立杆主要有竹竿、钢筋或玻璃纤维棒等，其中玻璃纤维棒粗8mm，高1.4m。立杆要靠近植株，入土深度为20～30cm。

### 7.5.4 绑扎带

苗木顶梢长至30cm后，进行第1次绑扎，可采用多功能绑蔓绑枝机等把新梢直立绑扎到立杆上，绑扎时应避免新枝从萌芽处折断。以后每生长20～30cm时绑扎1次，共需绑扎3～4次。

### 7.5.5 主干、侧枝培育

#### 7.5.5.1 独主干苗木的培育

芽苗栽植当年，品种新梢萌发生长后，不采取促生侧枝措施，保持新梢主干直立生长。当年即可培育成无分枝的独主干苗木。此类苗木宜继续培育为2年生带分枝大苗或3年生带分枝大苗后再出圃。

#### 7.5.5.2 2年生带二次分枝苗木的培育

合理地运用促生分枝的技术措施，芽苗栽植当年即可完成圃内整形，培育出2年生矮化自根砧大苗。

可采取以下两种技术措施（7.5.5.3和7.5.5.4）进行促生分枝处理。两种技术措施可单独使用，也可交替使用，两次间隔时间为7～10天，共进行3～4次，至8月上旬结束。

#### 7.5.5.3 剪（掐）顶叶

在苗木栽植当年，当剪口第一芽生长至15～20cm时进行剪（掐）顶叶处理。用左手拇指和食指收拢顶部新萌发且尚未完全展开的全部幼叶，拇指甲盖略高于新梢的生长点，让顶端幼叶片的上半部分露出，用右手的拇指甲或剪刀掐（剪）掉露出的叶片，应避免损伤顶芽生长点，一周一次。如果新梢生长和叶片展出很快，可3～5天一次。

#### 7.5.5.4 喷施生长调节剂

（1）喷布普洛马林

当主干生长至70～80cm时，结合剪（掐）顶叶处理，喷布浓度为1%～2.5%的普洛马林（加少许展着剂）。全年只喷1次，之后与剪除幼叶或喷布6-BA结合使用。用手持喷雾器喷新梢顶部，至顶部湿润有液滴下滴为止。

（2）喷布6-BA

当主干新梢长至70～80cm时，也可用浓度为1000～2000mg/L（加少许展着剂）的6-BA喷洒苗木顶端的生长点，单株耗药量3～5mL，每周1次，连喷3～4次，环境温度25～29℃为宜。喷1～2次后，可与剪除幼叶结合操作。

### 7.5.6 水肥管理

#### 7.5.6.1 水分管理

定植后的土壤含水量保持在60%～80%，灌溉水应符合《农田灌溉水质标准》（GB 5084—2005）的规定。

#### 7.5.6.2 施肥管理

全年土壤追肥2～3次，第1次在萌芽期，最后1次在6月底至7月初。喷施叶面肥2～6次。年追肥总量：氮（N）7～15kg/亩，磷（$P_2O_5$）5.5～7kg/亩，钾（$K_2O$）7～13kg/亩，镁（MgO）7～13kg/亩。

### 7.5.7 病虫草害防控

#### 7.5.7.1 病虫防治

重点防治苹果绿盲蝽、蚜虫、棉铃虫、干腐病等病虫害。萌芽期至5月下旬宜每10～14天喷药1次；6月上旬至9月上旬，每15～20天喷药1次；9月中旬后需防治大青叶蝉等1～2次。

#### 7.5.7.2 清除杂草

应采用人工或机械方法除草，也可采用覆盖等方法除草。

### 7.5.8 标识

苗圃内应设置清晰牢固的标识牌，标明砧木和品种名称、接穗品种来源、脱毒情况、定植时间等信息，避免品种收获时造成混杂。

## 7.6 出圃贮藏

### 7.6.1 起苗时间

在落叶后至翌年春季萌芽前进行起苗。

### 7.6.2 起苗

采用人工起苗的方法或使用专用机械起苗。起苗时应保持根系完整，剔除病虫及伤残苗木。

### 7.6.3 苗木分级

依据高度、粗度、侧枝数量、倾斜度、根簇数量等项目指标分为特级、1级、2级、3级共4个级别。每10株或20株为1捆，包装挂牌、统计后入库贮藏。

### 7.6.4 贮藏环境

苗木出圃后，不立即运送或苗木运到后不立即栽植的，应随即置入冷库贮藏，冷库内湿度不低于95%，温度为0.5～1.5℃。也可假植，但临时假植的时间不宜超过10天。

### 7.6.5 植物检疫

苗木自定植后至出圃前，应到当地植物检疫管理部门办理检疫登记，获得苗木产地检疫合格证书后方可对外销售调运。产地检验检疫按《苹果苗木产业检疫规程》（GB 8370—2009）的规定执行，调运检验检疫按《农业植物调运检疫规程》（GB 15569—2009）的规定执行。

苹果矮化自根砧成品苗木繁育

第8章

# 苹果矮化自根砧“快利普”带分枝大苗繁育技术

当前，我国在砧木压条繁殖、室内嫁接、促分枝等关键技术上取得了突破性的进展，苹果矮化自根砧带分枝大苗的繁育技术成熟。在果园更新换代或采用宽行矮砧密植栽培技术建园的时候，以带分枝的大苗、壮苗建园，采用高纺锤形整形技术是现代果园实现早产、丰产的重要成功经验。本章对苹果矮化自根砧“快利普”分枝大苗繁育技术进行了较为系统的阐述，以期为我国矮化自根砧苹果苗木培育工作提供技术支持。

## 8.1 术语与定义

### 8.1.1 砧木

嫁接繁殖时承受接穗的植株，可以是整株果树，也可以是树体的根段或枝段。

### 8.1.2 接穗

用来嫁接繁殖的具有稳定遗传性状的果树母本的芽、枝。

### 8.1.3 嫁接

把果树品种的枝或芽，接合到砧木的茎或根上，形成一个完整新个体的繁殖方法。嫁接方式主要有枝接和芽接。

### 8.1.4 芽苗

采用枝接或芽接的方式，将砧木与接穗嫁接在一起且接芽未萌发的苗木。

### 8.1.5 萌蘖

苗木在繁育过程中，从砧木基部萌发生长的枝条。

### 8.1.6 2年生带分枝大苗

指砧木根龄2年、嫁接口以上品种龄1年的矮化自根砧圃内整形苗木。苗木高度大于1.5m，定干部位以上的中心干上均匀着生7～15个20cm以上、角度开张的当年萌发的二次枝（侧枝）。

### 8.1.7 “快利普”带分枝大苗

指砧木根龄3年、嫁接口至定干部位（主干）的品种龄2年、定干部位以上品种龄1年的矮化自根砧圃内整形苗木。苗木高度大于1.5m，定干部位以上的中心干上均匀着生7～15个20cm以上、角度开张的当年萌发的二次枝（侧枝）。也称3年生带分枝大苗。

## 8.2 圃地选择

宜选择背风向阳、地势开阔规整、交通方便、远离污染源相对独立的圃地。土质以沙壤土、壤土或轻黏壤土为好，土壤 pH 6.0～7.5，土层深度大于 80cm；排灌条件良好，地下水位不超过 1.5m；周边或圃地内有充足水资源；前 10 年内未繁育过苹果、梨等果树苗木，圃内无检疫性病虫害。

圃地生态环境良好，周边无污染源，位置相对独立，四周宜建设防风林带或绿篱隔离带，树种为适应当地气候条件、生长快、易成活且与苹果没有共生病虫害的乔灌木。圃地周边 500m 内应无苹果、梨等仁果类果树，周边 5km 内应无龙柏、塔柏、圆柏等圆柏类林木。

## 8.3 土地准备

### 8.3.1 土地平整

定植前一年秋季或当年春季深耕土地，深度达到 50～80cm，要求地平、土碎、无石块。

### 8.3.2 土壤改良

春季栽植前，一般每亩施入磷酸二氢铵或磷酸氢二铵 20～50kg，腐熟牛粪等优质土杂肥 2～10m$^3$。同时土内施入能够防治根部病虫害的噻唑膦、辛硫磷颗粒剂、棉隆等杀菌、杀虫剂。施入肥料和农药后进行耕翻。具体按《农药合理使用准则》（GB/T 8321）执行。

### 8.3.3 基础设施及排灌系统建设

建设配备水电、排灌、路渠等基础设施，安装滴灌、管灌、喷灌及水肥一体化设备设施，确保旱能浇、涝能排。

### 8.3.4 道路规划

根据生产规模和机械化作业的要求，合理规划田间作业道路，地头和田间作业道路的宽度应为 4～10m。

## 8.4 第一年育苗

### 8.4.1 芽苗来源

#### 8.4.1.1 冬春季芽接或枝接

上年冬季 11 月至当年春季 4 月上旬在室内完成嫁接，或者当年 3～4 月在定植砧木苗的培育圃完成嫁接，形成芽苗。嫁接方法为带木质芽接或双舌枝接。嫁接位置在自根砧木苗的地上 35～40cm 处。

#### 8.4.1.2 上年秋季芽接

上一年度秋季 8 月下旬至 9 月下旬在定植砧木苗的培育圃完成嫁接，形成“芽瘪”苗，即芽苗。应采用带木质芽接方法进行嫁接，芽接位置在自根砧木苗地上 35～40cm 处。

在圃内嫁接的，应在嫁接前灌足水。嫁接 15～20 天后检查成活情况，未接活的应立即组织补接。

### 8.4.2 芽苗移植

3 月中下旬至 4 月上旬将芽苗栽植于苗圃。栽植株行距为（0.3～0.4）m×（0.7～0.8）m，栽植深度为 20cm 左右。栽植后埋土踏实，浇 1 次透水。

### 8.4.3 栽后管理

#### 8.4.3.1 补接与剪砧

（1）检查成活

栽后 15 天左右检查成活情况。若芽体和芽片呈新鲜状态，则嫁接成活；若芽体变黑，则未接活。未成活的应补接。

（2）剪砧解绑

接芽成活后进行剪砧，剪刀刃迎向接芽一面，剪口在接芽上方

0.3～0.5cm 处，并向接芽背面稍微下斜。解绑可与剪砧同时进行。

#### 8.4.3.2 除花

当接穗萌芽后有花蕾长出时，不宜立即掐除，应等到花序分离期剪除花朵。

#### 8.4.3.3 除蘖

当接穗顶梢生长至 20～30cm 时，选留一个健壮新梢，去除其他萌蘖。全年需除蘖 2～3 次。

#### 8.4.3.4 插立杆

当接芽长至 30cm 左右时，在苗木同一侧插立杆。立杆主要有竹竿、钢筋或玻璃纤维棒等，其中玻璃纤维棒粗 8mm，高 1.4m。立杆要靠近植株，入土深度为 20～30cm，把萌芽新梢绑缚在立杆上。

#### 8.4.3.5 绑扎带

新梢生长至 30cm 后，进行第 1 次绑扎，可采用多功能绑蔓绑枝机等把新梢直立绑扎到立杆上，绑扎时应避免新枝从萌芽处折断。以后每生长 30～50cm 时绑扎 1 次，共需绑扎 3～4 次。

#### 8.4.3.6 水肥管理

(1) 水分管理

定植后保持土壤含水量为 60%～80%，灌溉水应符合《农田灌溉水质标准》(GB 5084—2005) 的规定。

(2) 施肥管理

全年土壤追肥 2～3 次，第 1 次在萌芽期，最后 1 次在 6 月底 7 月初；宜喷施 0.2%～0.5% 尿素等叶面肥 2～6 次（防治病虫时混喷）。年追肥总量：氮 (N) 7～15kg/亩，磷 ($P_2O_5$) 5.5～7kg/亩，钾 ($K_2O$) 7～13kg/亩，镁 (MgO) 7～13kg/亩。

#### 8.4.3.7 病虫草害防控

(1) 病虫防治

应根据天气情况和田间实际测报情况喷药，重点防治绿盲蝽、蚜虫、棉铃虫、干腐病等病虫害。萌芽期至 5 月下旬宜每周喷药 1 次；6 月上旬至 9 月上旬，每 10～14 天喷药 1 次；9 月中旬后需防治大青叶蝉等1～2次。

(2) 清除杂草

应采用人工或机械方法除草，也可采用覆盖等方法除草。圃内不宜喷布除草剂。

#### 8.4.3.8 标识

圃地内应设置清晰牢固的标识牌，标明砧木类型和品种名称、接穗品种来源、脱毒情况、定植时间等信息，避免品种收获时造成混杂。

## 8.5 第二年育苗

### 8.5.1 定干

第二年春季萌芽前，在苗木高度70～80cm处剪截定干。

### 8.5.2 除萌

苗木发芽后，保持剪口下第一芽直立生长，其下的萌芽全部抹除，使定干高度以下光滑无侧枝。

### 8.5.3 绑扎带

同第一年（8.4.3.5）。

### 8.5.4 水肥管理

以复合肥为主，撒施。单次施肥量为10～15kg/亩，全年共2次。全年宜喷施叶面肥2～6次。

其他同第一年（8.4.3.6）。

### 8.5.5 病虫草害防控除草

同第一年（8.4.3.7）。

### 8.5.6 促生二次分枝

采取以下两种技术措施（8.5.6.1和8.5.6.2）进行促生分枝处理。两种技术措施可单独使用，也可交替使用，两次间隔7～10天，共进行3～4次，至8月上旬结束。

#### 8.5.6.1 剪（掐）顶叶

当剪口第一芽生长至15～20cm时进行，用左手拇指和食指收拢顶部新萌发且尚未完全展开的全部幼叶，拇指甲盖略高于新梢的生长点，让顶端幼叶片的上半部分露出，用右手的拇指甲或剪刀掐（剪）掉露出的叶片，应避免损伤顶芽生长点，照此法1周1次，若新梢生长和叶片展出较快，可3～5天1次，连续做4～6次。

#### 8.5.6.2 喷施生长调节剂

（1）喷布普洛马林

普洛马林使用浓度为1%～2.5%，加少许展着剂。在剪口芽抽生新梢长至15～20cm时喷布，全年只喷1次，常与剪除幼叶结合使用。用手持喷雾器喷新梢顶部，顶部湿润有液滴下滴为止。

（2）喷布6-BA

6-BA的使用浓度为1000～2000mg/L，加少许展着剂。剪口芽抽生新梢长至15～20cm时开始喷布，喷洒时应点喷顶端生长点，单株耗药量为3～5mL，每周1次，连喷3～4次，环境温度以25～29℃为宜。喷1～2次后，可与剪除幼叶结合操作。

### 8.5.7 二次梢管理

在整个生长季节，对促发的二次梢要及时开张角度，防止长势过旺和加粗生长过快，促进部分二次梢形成花芽。

## 8.6 出圃贮藏

### 8.6.1 起苗时间

在秋季落叶后至翌年春季萌芽前的休眠期内进行。秋季起苗，宜分拣后入冷库贮藏。

### 8.6.2 起苗

宜采用起苗机起苗。起苗时应保持根系完整，去除叶片，剔除病虫苗木。

### 8.6.3 苗木分级

依据高度、粗度、侧枝数量、倾斜度、根簇数量等项目指标，分为特级、1 级、2 级、3 级共 4 个级别。3 年生带分枝大苗的粗度、高度、花芽分化数量等整体质量明显优于 2 年生带分枝大苗。每 10 株或 20 株为 1 捆，包装挂牌、统计后入库贮藏。

### 8.6.4 贮藏环境

苗木出圃后，不立即运送或苗木运到后不立即栽植的，应随即置入冷库贮藏，冷库内湿度不低于 95%，温度 0.5～1.5℃。也可假植，但临时假植时间不宜超过 10 天。

### 8.6.5 植物检疫

苗木定植后至出圃前，应到当地植物检疫管理部门办理检疫登记，获得苗木产地检疫合格证书后方可对外销售调运。产地检验检疫按《苹果苗木产业检疫规程》（GB 8370—2009）的规定执行，调运检验检疫按《农业植物调运检疫规程》（GB 15569—2009）的规定执行。

(a)

(b)

苹果矮化自根砧带分枝大苗繁育

苹果分枝大苗

第9章

# 苹果无病毒采穗圃建设管理技术

近年来，农作物、蔬菜、果树等病毒病危害日益严重，有些病毒病已给生产带来毁灭性损失。苹果病毒主要通过嫁接途径传染，随接穗等无性繁殖材料扩散。为了从根本上防治苹果病毒病，建立健全无病毒苗木繁育体系，解决苗木生产的混乱问题，苹果的优良品种和砧木需要在经过高温脱毒、茎尖组织培养、外植体建立、继代培养、驯化生根后建立原种圃。原种圃扩繁后建立为大田生产使用的一级母本园，即无病毒采穗圃，从事无病毒苗木的繁育。

## 9.1 术语与定义

### 9.1.1 无病毒采穗圃

用品种和砧木的无毒材料，经组培扩繁再培育成的自根苗栽植建成，并为苗木繁育提供大量无病毒接穗的采穗圃。

### 9.1.2 采穗圃母株

采穗圃内种植的用来生产繁育接穗的植株。

### 9.1.3 砧木

嫁接繁殖时承受接穗的植株，可以是整株果树，也可以是树体的根段或枝段。

### 9.1.4 接穗

用来嫁接繁殖的具有稳定遗传性状的果树母本的芽、枝。

### 9.1.5 嫁接

把果树的枝或芽，接合到砧木的茎或根上，形成一个完整新个体的繁殖方法。嫁接方式主要有枝接和芽接。

## 9.2 建圃

### 9.2.1 圃地选择

宜选择背风向阳、地势开阔规整、交通方便、远离污染源相对独立的圃地。土质以沙壤土、壤土或轻黏壤土为好，土壤 pH6.0～7.5，土层深度大于 80cm；排水、浇水条件良好，地下水位不超过 1.5m；周边或圃地内有充足水资源；前 10 年内未繁育过苹果、梨等仁果类苗木，圃内无检疫性病虫害。

圃地生态环境良好，周边无污染源，位置相对独立，四周宜建设防风林带或绿篱隔离带，树种为适应当地气候条件、生长快、易成活且与苹果没有共生病虫害的乔灌木。圃地周边 15m 内应无杨树、槐树、榆树等，500m 内应无苹果树、梨树等仁果类果树，周边 5km 内应无龙柏、塔柏、圆柏等圆柏类林木。

## 9.2.2 土地准备

### 9.2.2.1 土壤检测

检测土壤的有机质含量、pH，以及氮、磷、钾及中微量元素含量。

### 9.2.2.2 土壤施肥

根据检测结果，每亩施入 2500kg 以上的有机肥，并施入有关中微量元素肥料。同时，调整土壤 pH。

### 9.2.2.3 病虫害处理

根据地下线虫、蛴螬、白绢病等病虫害基数，选用噻唑膦、辛硫磷颗粒剂、棉隆等药剂处理土壤，预防根部病虫害的发生。

### 9.2.2.4 深翻与平整

施肥后，进行土地耕翻整平，清理石块等影响机械作业的障碍物。

### 9.2.2.5 基础建设

在规划好栽植小区的同时，搞好园区内水电及路沟渠等基础设施建设，以及水肥一体设施设备的安装调试，并做好园区周边生态防护林的建设。

## 9.2.3 种苗选择与栽植

### 9.2.3.1 种苗来源及要求

各类苹果品种及砧木的无病毒种苗繁殖材料须来自具有资质的科研单位，或来自经国家或省市果树管理部门审核批准的无病毒保存圃内，并附带无毒检测证明。各类种苗等繁殖材料不得携带检疫性病虫害。

种苗的砧木按产区适用的砧木种类来确定，宜选择 M7、M26、JM7、M9 等耐瘠薄、抗低温、抗病虫能力较强且生长量较大的砧木，也可选用具有无融合生殖特点的平邑甜茶、青砧 2 号等。

苹果品种为经过审（认）定通过的优良品种，或者质量好、产量高、适应当地生长发展的品种，或者具有良好市场发展潜力的新品种，鲜食或加工良种均可，品种纯正、适销对路。

每亩可生产优质接穗 1 万根，根据繁育需求数量确定栽植的种苗品种和数量。

#### 9.2.3.2 种苗栽植

按照便于操作管理、提高接穗产量和质量的要求，合理确定栽植株行距。一般条件下，株行距为 1m×3m。

栽植前，认真核实记载采穗圃母株的品种、数量及来源，按品系、品种、株系集中栽植，并按顺序编号，做好标记和记录。

### 9.2.4 圃园防护

园区可采用多功能防护网等进行整体防护，四周可栽植绿篱或设置其他设施进行隔离。种苗主干基部宜设置防兔网。

### 9.2.5 母株标识

在采穗圃母株同一部位逐一设置标识牌，标识有品种、砧木、栽植时间、脱毒等信息，字迹清晰，露天条件下不得模糊或消失。

## 9.3 常规管理

### 9.3.1 整形修剪

整形修剪的基本原则是：因地制宜，因势利导；因树修剪，随枝作形；统筹兼顾，合理安排；以轻为主，轻重结合；平衡树势，从属分明；有形不死，无形不乱；冬夏结合，综合运用。

推行“傻瓜”整形修剪模式，简化技术难度和减轻作业强度。应特别注意保持中心干强壮直立，2～3 年内达到树体高度，基本完成整形工作；用 3～4 年时间完成整形工作。大幅度减轻冬季修剪量，以夏季修剪调节为主。夏季修剪主要采用摘心、拿枝、拉枝、疏剪等方法调整树体结构，维持中庸树势。果树定植后的前 3～5 年内，每年都应进行拉枝操作，直到树体大量结果压弯侧枝为止。冬季修剪时间推迟至春节以后进行，建议在发芽前 1 个月左右开始至萌芽时完成。树体新梢的年生长量以 20～40cm 为好，过长表明营养生长过旺，需实施能够抑制旺长的技术措施，如加大生长季修剪（拿枝拉枝、摘心扭梢）、减少氮肥施用、控水、断根或采取以果压枝等技术措施。必要时，可通过喷布植物生长延缓剂，抑制赤霉素合成，抑制茎顶端下部区域细胞分裂和伸长生长，缩短节间，诱导矮化，促进开花。

#### 9.3.1.1 矮化自根砧苗木的整形修剪

矮化自根砧苗木可选用高纺锤形，其整形过程大致如下。

（1）定植当年

不短截带侧枝大苗的中干延长枝，保持中干直立生长。凡侧枝粗度超过着生处中干部位 1/3 的或者粗度超过 2.5cm 的，留马耳斜形疏枝（马耳斜形也称为马蹄形，是指斜 45°左右的极重短截，下部长、上部短，促进枝条下部萌发出角度开张、长势缓和的分枝）；其他侧枝应尽早全部拉枝开角至水平线以下。

在萌芽后及随后的生长季节里，每隔 7～10 天至少喷 4～5 次能促使主干萌发较多侧枝的植物生长调节剂。当新梢生长至 10～15cm 左右时，应控制与主干进行竞争的侧枝生长，对中干上部 1/4 段内的竞争侧枝进行处理，保留基部 3～4 片叶片短截（摘心）；当 2 次梢再次生长至 10～15cm 时，根据需要可再次摘心，以确保中干优势。生长季内对半木质化的基部侧枝，可多次实施拿枝、扭枝、捋枝等软化开角缓势处理。

7 月中下旬至 8 月下旬，把新梢全部拉枝开角至水平线以下，约 110～130 度。拉枝时一并调整侧生长方位，使上下各侧枝能插空生长。

（2）定植第 2 年

春季修剪时，疏除地面及中干上距地面 70～80cm 以下的全部侧枝，保留在中干上着生长度为 20cm 以内的各类侧枝；其他侧枝，凡是枝轴基部粗度超过着生处中干部位的 1/3，或者枝轴基部直径大于

2～2.5cm 的，留马耳斜形极重短截，留桩长度视同侧部位上下侧枝数量和分布空间而定。侧枝数量不足的，宜留长桩，上剪口贴紧中干，下剪口在向外大约 1.25cm 处斜剪，与垂直方向的夹角不小于 45°；提倡上剪口在距中干约 1.5～2 扁中指宽度（2～2.5cm）处斜剪，诱导剪口下方抽生侧枝。若同侧侧枝数量充足，则宜留短桩，上部贴紧主干，加大剪口斜度使修剪斜面与垂直方向的夹角为 15°左右，形成最小的剪口截面，利于剪口快速愈合。对中央领导干延长头的竞争性侧枝和角度极小的侧枝一律采用留马耳斜式疏除；其余长度凡超过 60cm 的侧枝全部开角至 110 度以上；中干上着生的其他侧枝或者尖削度较高的锥形小短枝应保留。中干上的同侧位侧枝，应保持 10～15cm 或以上距离。注意适度保留花芽，让树体尽早结果，缓和树势，但应控制合理的结果数量，如嘎啦每株可留果 20 余个。提倡修剪后立即涂抹杀菌剂保护伤口。

对于当年春季后萌发形成的新梢，处理方式与第 1 年相同。

（3）定植第 3 年及以后

疏除萌蘖，疏除中干 80cm 内的全部侧枝。留马耳斜极重短截或疏除中干上直径超过 2～3.5cm 的侧枝，但株疏除数量一般不超 3 个。控制侧枝长度为 60～90cm。第 2～3 年中干的高度达到 3m 以上，从第 4～5 年起中干顶部结果压弯后，将其回缩至新枝来限制树高。对当年形成的新梢，处理方式与第一年基本相同。

对第 7 年生以上苗木进行冬季修剪的重点如下：

① 疏除过大的侧枝，需逐年轮换更新 5～6 年生的过大侧枝，去大留小；

② 疏除主干上过多的侧枝，以及侧枝上的密生枝、过弱枝和背上枝；

③ 缩回过弱的下垂结果枝，更新复壮；

④ 中心干以弱代头，不落“死头”。

#### 9.3.1.2 矮化中间砧苗木的整形修剪

矮化中间砧苗木可选用高纺锤形或自由纺锤形，其中高纺锤形的整形修剪方法同矮化自根砧苗木。自由纺锤形（垂直主干形）的整形修剪过程如下。

(1) 定植当年

苗木定植后，可在饱满芽带的上部择一饱满芽定干。苗木高度为1.5m左右的在1m处定干，苗木高度在1m左右的在70～80cm处定干。对侧枝分布合理且粗度适中的大苗也可不短截定干。侧枝一般采用马耳斜式疏除，仅保留短小侧枝。

萌芽后抹除中干60cm以下的所有侧枝。为提高萌芽率，在生长季喷布3～5次具有促进侧枝萌发的植物激素。短截或摘心与中干竞争的侧枝。对于侧枝基部半木质化的部分，可多次实施拿枝、扭枝、捏枝、捋枝等软化缓势处理。7月中下旬至8月下旬拉枝，角度开张至水平线以下，以缓和枝势、诱导开花；拉枝时一并调整侧枝的生长方位，使上下各侧枝插空生长。

(2) 定植第2年

发芽前1个月内，可在中干延长枝上部选择一饱满芽短截，提倡自此年开始不再对中干延长枝进行短截。对中干上部形成的竞争侧枝全部实施马耳斜式重短截；在中干基部选留5～6个长势均衡、方位较好的永久性主枝，缓放不短截，并拉枝开角至水平线上方；甩放20cm以下的侧枝；其他侧枝视数量、长短和粗度等综合确定是否采用马耳斜式极重短截，保留的侧枝需拉枝开角至水平线以下。如果主干上萌发的主侧枝数量过少或主侧枝基部粗度过大，则实施马耳斜式重短截，推迟培养永久性主枝和结果时间1年。

发芽后，当中干延长枝生长至10～13cm时，摘心中干上部的竞争性侧枝，仅保留基部的3～4片叶片；当二次梢生长至10～13cm时需再次摘心。5月中下旬至6月中旬，对基部粗度超过中干1/3的新梢进行短截；7月下旬至8月中旬，拉枝开角侧生新梢至水平线以下；对侧生新梢背上发生的二次梢及时摘心或拿梢，控制生长。整个生长季都要保持中干直立生长。

(3) 定植第3年

发芽前1个月内，对基部永久性主枝和主干上着生的其他侧枝都应围绕促花进行修剪。疏除基部粗度超过着生部位中干1/3的侧枝，其余侧枝角度开张至水平线以下，同时综合应用适宜的化学、农艺等促花措施。永久性主枝等的选留培养方法同第2年。

（4）定植第 4 年及以后整形修剪

调整中干长势，中干弱的要短截促发壮条，恢复长势；中干过强的要疏除下部的侧生旺枝，中干缓放不截，控制上强。对中下部培主枝，注意培养枝组，稳定结果，并逐年向外延伸；对占领空间过大，枝轴过粗的强旺枝组，要控制体积，适当回缩；对过密的枝组，选留粗度适中发育良好且空间定位定向合理的，余者疏除；对过弱的枝组，应及时更新复壮。冬季修剪的主要任务是疏除密挤枝，同等情况下，疏下留上、疏大留小；树龄在 10 年以上的疏老留新。

修剪的重点放在夏季，采用摘心、拉枝、疏剪等方法，调整树体结构和长势，促进花芽分化。

## 9.3.2 肥料管理

以土壤分析与叶分析化验结果作为科学施肥的依据。

### 9.3.2.1 基肥

（1）肥料种类

以有机肥为主，适量混入化肥。有机肥包括充分腐熟的人粪尿、厩肥、堆肥和沤肥等农家肥，以及商品有机肥；化肥为氮磷钾单质或复合肥以及硅钙镁肥等。

（2）施肥时期

基肥的最佳施用时期为 9 月中旬至 10 月下旬，晚熟品种可在果实采收后尽早施入。

（3）施肥数量

① 幼龄果园。栽植第 1 年每亩施入优质农家肥 1000kg 左右，或商品有机肥 200～400kg。化肥用量：1 年生苗木按每亩纯氮 5kg（折合尿素约 12kg）、纯磷 5kg（折合 15%含量过磷酸钙 33kg）、纯钾 5kg（折合硫酸钾 10kg）确定，第 2 年加倍，第 3 年及以后根据产量来确定。

② 成龄果园。若施农家肥，则按“斤果斤肥”或“斤果 1.5 斤肥”确定施肥量；若施入商品有机肥，一般每亩 500～800kg。化肥用量：按每 100kg 产量补充纯氮 0.4～0.6kg（折合尿素 1.0～1.5kg）、纯磷 0.15～0.25kg（折合 15%含量过磷酸钙 1～1.5kg）、纯钾0.1～0.2kg（折合硫酸钾 0.2～0.4kg）确定，根据土壤肥力和树势适当增减。土壤

pH 低于 5.5 的果园，每亩施入硅钙镁肥 100～200kg 或者撒施石灰，用量及使用方法参上。

(4) 施肥方法。在树冠投影内缘沿行向挖施肥沟，将有机肥、化肥与土壤混匀后施入，施肥后及时浇水。

#### 9.3.2.2 追肥

以速效化肥为主。用机械在树冠下挖 5～10cm 深的条沟，将化肥均匀施入，覆土后浇水；也可在降雨前或灌溉前撒施到地表。

(1) 幼龄果园

追肥时期为萌芽前后和花芽分化期（6 月中旬）。栽植第 1 年，每亩施入纯氮 5kg（折合尿素 12kg）、纯磷 5kg（折合 15%含量过磷酸钙 33kg）、纯钾 5kg（折合硫酸钾 10kg）。栽植第 2 年，每亩施肥量加倍，第 3 年及以后根据产量确定。萌芽前后和花芽分化期的追肥量各占一半。

(2) 成龄果园

追肥主要时期为套袋前和果实膨大期。一般按每 100kg 产量，追施纯氮 0.25～0.4kg（折合尿素 0.6～1kg）、纯磷 0.04～0.06kg（折合 15%含量过磷酸钙 0.25～0.4kg）、纯钾 0.5～0.9kg（折合硫酸钾 1.0～1.8kg）。套袋前和果实膨大期的追肥量各占一半。果实膨大期采用少量多次的追肥原则。

#### 9.3.2.3 根外追肥

在生长季节内进行叶面追肥，及时高效地补充氮、磷、钾和其他一些微量元素，用肥量小、利用率高、效果明显。叶面喷肥有效期仅 12～15 天，一般需连喷 3 次以上。参考使用浓度：尿素 0.3%，硝铵、硫胺 0.2%，磷酸铵、磷酸钾 0.5%。以半阴无风天喷施效果最好，一天中以上午 8—11 时、下午 2—7 时进行为好，避开阳光直射的中午。叶面喷施可单独进行，也可与几种肥料混合喷施或与农药混喷。与农药混用时一定要认真查看标签上的说明，避免减效，或者产生肥害或药害。

### 9.3.3 水分管理

(1) 灌水时期

在苹果萌芽期、幼果期（花后 20 天左右）、果实膨大期（7 月中旬至8月下旬）、采收前及土壤封冻前进行灌水。采收前的灌水要适量，封冻前的灌水要透彻。

（2）灌溉方法

① 小沟交替灌溉。在树冠投影处两侧，沿行向各开一条深、宽各20cm左右的小沟，进行灌水。

② 滴灌或微喷灌。顺行向铺设一条炭黑高压聚乙烯或聚氯乙烯滴管，直径10～15mm、滴头间距40～100cm，最好固定在第一道横向钢丝上，距地面20～30cm。灌管上装有流量稳定、有压力补偿装置和不易堵塞的滴头，流量1～10L/h，通常控制在2L/h左右。微喷灌流量可达20～240L/h，通常控制在100L/h左右。提倡逐步安装微喷灌。

③ 排水。有通畅的排水系统，确保汛期和地下水位过高的园地排水及时。

## 9.3.4 病虫害防治

### 9.3.4.1 休眠、萌动期

重点防治苹果腐烂病、枝干轮纹病，以及红蜘蛛、螨类、苹果绵蚜等虫害，主要措施为清洁果园、刮树皮、树干涂白和树体喷布石硫合剂（病害铲除剂）等药剂。

### 9.3.4.2 花期前后

花前重点防治金纹细蛾、叶螨、蚜虫等害虫，花期不提倡喷药。花期选用中生菌素、多氧霉素等生物药剂防治苹果霉心病。为了不影响壁蜂、蜜蜂授粉，花期不宜喷施化学农药。

### 9.3.4.3 幼果期

落花后第1～3周，重点防治叶螨、蚜虫、金纹细蛾、棉褐带卷蛾、绿盲蝽、桃蛀果蛾（麦收前才防治，可放在麦收后）以及锈病、白粉病、苹果轮纹病和斑点落叶病等；套袋前3天全园细致喷布一遍杀虫、杀菌剂保护幼果；套袋后重点防治斑点落叶病、褐斑病、枝干轮纹病、炭疽病等。

### 9.3.4.4 果实膨大期

重点防治轮纹病、炭疽病、炭疽叶枯病、褐斑病、金纹细蛾、叶螨类（如二斑叶螨）、食心虫等病虫。喷药间隔期一般为10～15天，遇雨缩短至 7～9 天。

#### 9.3.4.5 采果期前后

重点防治果实轮纹病、炭疽病、褐斑病；大青叶蝉、金纹细蛾、叶螨（害虫无需防治，仅注意多雨年份的后期褐斑病）等病虫害。采收前 20 天停止用药。

喷药者要穿戴适当的防护服；应集中处理农药包装物和残液，注意尽量减少药物喷洒中的农药漂移，保护环境。

## 9.4 接穗平茬收集

### 9.4.1 品种验证

每株种苗应经首次结果且验证品种无误后，方可收集接穗。

### 9.4.2 平茬

#### 9.4.2.1 时间

从栽后第二年起，每年在落叶后至次年 2 月底前进行一次平茬，剪除侧枝上的全部分枝。

#### 9.4.2.2 高度

采穗圃母株的主干高度为 1.6～3m。每一母株上可保留侧枝15～25个。

平茬高度可根据品种、砧木的生长特性确定。侧枝及副侧枝的平茬高度一般为 5～15cm。

#### 9.4.2.3 疏枝数量

3 年生以上的母株，疏除主干 80cm 以下的全部侧枝，保留侧枝数量 15～25 个，每个侧枝上保留 2～5 个副侧枝。侧枝和副侧枝相互间的空间分布合理。

### 9.4.3 母株观察

每年平茬时，每株可保留 2 个细弱结果枝，以持续性地观察结果性状。如果存在果实性状表现不好的单株，则停止该单株的采穗收集；若连年表现均差，则应淘汰该单株。

## 9.4.4 接穗采集

### 9.4.4.1 工具准备

贮存箱、塑料薄膜（尺寸与贮存箱适合）、石蜡、修剪刀、加热器、温度计、标签、扎绳、锯末、消毒剂（刀具消毒）等。

采集及修剪工具应专管专用，及时消毒，避免交叉感染。

### 9.4.4.2 穗条质量

硬枝穗条宜选择长 60～120cm、直径为 6～12mm 的 1 年生枝，要求木质化较好、芽体饱满、节间适中、无病虫害。

### 9.4.4.3 采穗时间

硬枝穗条：落叶后至次年 2 月底前皆可，以封冻前采集为佳。冬季平茬和收集接穗可同时进行。

嫩枝穗条：夏季 6 月中旬至 7 月中旬，秋季 8 月下旬至 9 月下旬采集，随用随采。

### 9.4.4.4 接穗处理

按照粗度分成粗、中、细三个等级，50 根每捆，每捆长短相近，剪口平整，剪口可封蜡。

### 9.4.4.5 接穗标签

检验每捆接穗的有效芽数、整齐度、封蜡性等指标，合格后应贴（挂）标签标识。

每捆接穗配置清晰的标识，登记有品种名称、采集时间、操作人等信息。整个贮藏期，接穗上的标识不得模糊或消失。

### 9.4.4.6 接穗贮运

将接穗按品种、规格放入内衬铺设有带孔塑料袋的箱中，层间放湿锯末，扎紧袋口，箱体外标明品种、规格、数量等信息。存放在相对湿度不小于 95%、温度为 0.5～1.5℃ 的冷库中。贮藏期间，每周检查贮藏情况，接穗应无腐烂和失水皱缩现象。

运输过程中应采取保湿措施，防止重压、暴晒、风干、雨淋、冻害等情况发生。

## 9.5 病毒检测

凡新发现母株上带有显性病毒症状的，应立即销毁并检测临近母株是否感染。每 5 年随机对采穗圃抽样进行一次病毒检测。

## 9.6 档案管理

档案的主要内容包括：各类审批文件、设计文件，建设时间、权属、立地条件、面积，品种及砧木的采穗母树信息、品种布局图、品种鉴定专家，病虫兽害种类和防治情况等技术管理措施，采穗时间、品种、数量及去向等。档案管理应由专人负责，不得漏记和中断。

采穗母株信息应记载有品种和砧木名称，引进品种有外文名称，品系、株系、砧木、原母株株系，引进单位、来源、时间，脱毒、病毒检测的单位、时间等信息。

苹果无病毒采穗圃

第10章

# 苹果矮化自根砧砧苗质量分级标准

矮砧密植是苹果栽培发展的主方向之一，而苹果的矮化栽培主要是利用矮化砧木来实现的。矮化自根砧是矮化砧木的重要组成部分。由于苹果矮化自根砧的繁育利用了无性繁殖技术，因而生产的苗木具有株间遗传差异小，苗木一致性和整齐度高，建园整齐度高等优点。因此自根砧砧木得到了大量推广应用。但是，无性繁殖的砧木，个体间长势不一，不利于集中开展嫁接工作和生产规格一致的苗木。为了规范化、标准化开展苗木繁育工作，按照苹果矮化自根砧砧苗质量分级标准进行分级显得尤为必要。

## 10.1 术语与定义

### 10.1.1 自根砧砧苗

由砧木自身器官、组织体细胞形成根系的砧木苗。

### 10.1.2 砧苗根簇

自根砧砧苗基部的簇状须根。

### 10.1.3 砧苗高度

根基部至茎梢顶端之间的距离。

### 10.1.4 根砧苗粗度

砧木苗根基部以上 40cm 处的直径。

## 10.2 砧苗质量

### 10.2.1 砧苗分类

以砧苗具有不少于 3 个根簇且砧苗高度不小于 40cm 为前提，按照砧苗粗度进行分类。

按照粗度把砧苗分为五个类别：＜0.4cm、0.4～0.6cm、0.6～0.8cm、0.8～1.2cm、＞1.2cm。也可根据用途和客户需要进行分类。

### 10.2.2 判定标准

合格、不合格砧苗的判定标准见表 10.1。

**表 10.1 合格与不合格砧苗判定标准表**

| 类别 | 标准 |
|---|---|
| 不合格 | ① 没有生根及弯曲度过大的砧苗<br>②根部着生根簇小于 3 个的砧苗 |

续表

| 类别 | 标准 |
| --- | --- |
| 不合格 | ③ 砧苗高度小于 30cm,用于嫁接的砧苗粗度小于 0.4cm<br>④ 携带苹果绿皱果病毒、苹果锈果类病毒、苹果花叶病毒、苹果褪绿叶斑病毒、苹果茎痘病毒和苹果茎沟病毒等病毒<br>⑤ 根部携带有苹果绵蚜或苹果根绵蚜<br>⑥ 砧苗上存在苹果轮纹病瘤、根癌病瘤等,干茎上有坏死的病斑 |
| 合格 | ① 外观要求:砧苗类型纯正一致;无冻害和明显机械损伤,无新损伤皮,老损伤处总面积不超过 1.0cm$^2$;枝条充实,粗度较均匀,芽眼饱满,皮部光滑鲜亮,无干缩皱皮;砧木龄 1~2 年生<br>② 无检疫性病虫害,无根癌病等严重病虫害<br>③ 侧根或须根较多,断根少,根系着生点≥3 个<br>④ 砧苗高度不小于 40cm,其中用于嫁接砧苗的粗度为 0.4cm 以上 |

注：粗度指根基部以上 40cm 处的直径。

### 10.2.3 判定规则

若砧苗出现不合格项中的任何一项，则判定砧苗不合格；若砧苗同时满足合格项中的所有要求，则判定砧苗合格。

## 10.3 检验方法

### 10.3.1 品种规格尺寸测定

根据植物学特性检验砧苗及品种，用精度为 0.01mm 的游标卡尺测定砧苗的粗度，用精度为 0.1cm 的尺子测定砧苗高度。

### 10.3.2 产地检疫

按《苹果苗木产地检疫规程》(GB 8370—2009) 的规定执行。

### 10.3.3 砧苗病毒检测

按《苹果无病毒母本树和苗木》(NY 329—2006) 的规定执行。

## 10.4 检验规则

### 10.4.1 组批

将类型相同的砧木苗作为一个检验批次。

### 10.4.2 抽样

粗度类别以一个检验批次为一个抽样批次。采用随机抽样的方法。数量在 100～1000 株，抽样率为 10%；1001～5000 株，抽样率为 8%；5001～10000 株，抽样率为 6%；大于 10001 株，抽样率为 4%。

### 10.4.3 判定规则

(1) 每批次砧苗的纯度、高度和粗度的不合格率大于 5%的，即判定该批次苗木全部不合格。

(2) 凡是砧苗携带检疫性病虫以及《苹果无病毒母本树和苗木》(NY 329—2006) 中列出的病毒之一的，即判定该批次苗木不合格。

## 10.5 包装贮运

### 10.5.1 包装

合格砧苗按砧木名称、粗度类别进行分类包装。砧苗宜码放在长宽高各 1～1.2m 有内衬袋的大塑料箱或木箱等贮存箱内中，封袋(注意不是密封，袋体留有透气孔)。0.4～0.6cm 及 0.6～0.8cm 粗度的砧苗，包装为 50 株/捆，每个包装单元为 3000 株或 6000 株；0.8～1.2cm 粗度的砧苗，包装为 50 株/捆，每个包装单元为 3000 株；1.2cm 以上粗度的砧苗，包装为 30 株/捆，每个包装单元为 1800 株。

### 10.5.2 标签

砧苗包装内外均应有标签标识。标签上应记载有砧木名称、粗度类别、株数、生产单位及地址、日期、是否脱毒等内容。

### 10.5.3 贮藏

不立即栽植的砧苗，应及时进入冷库贮藏。冷库内的相对湿度大于95%，温度0.5～1.5℃。短时间贮藏也可采用临时假植的方法。

### 10.5.4 运输

运输过程中要防止出现重压、暴晒、风干、冻害、高温等情况，包装不得破损。砧苗外运时，应持有苗木质量合格证和苗木检疫合格证。苗木调运按《农业植物调运检疫规程》（GB 15569—2009）中的规定执行。

苹果矮化自根砧砧苗

第11章

# 苹果矮化自根砧带分枝成品苗质量分级标准

我国国家标准《苹果苗木》（GB 9847—2003）依据侧根数、根砧长度、中间砧长度、苗木高度、苗木粗度、倾斜度和整形带内饱满芽数，划分了乔化砧苹果苗和矮化中间砧苹果苗的 2 个等级标准，并明确指出此标准适用于 1 年生苹果苗的繁育和销售。目前尚缺乏苹果矮化自根砧带分枝成品苗的质量分级标准，因此本章的内容能很好地满足苗木生产和市场需求。

## 11.1 术语与定义

### 11.1.1 矮化自根砧

通过利用矮化砧母株进行分株、压条、扦插、组培等无性繁殖方法所繁殖的矮化砧苗木。

### 11.1.2 矮化自根砧苹果苗

用矮化自根砧苗嫁接品种后培育而成的苹果苗。

### 11.1.3 矮化自根砧带分枝成品苗

矮化自根砧砧苗嫁接品种后，在苗圃中经过1～2年的培育，生长出一定数量的分枝，出圃后可直接定植的成品苗。

### 11.1.4 苗木粗度

苗木嫁接口以上10cm处的直径。

### 11.1.5 苗木高度

根颈部位至嫁接品种茎梢端芽基部的距离。

### 11.1.6 根簇

矮化自根砧上产生的簇状须根。

### 11.1.7 须根

从矮化自根砧茎段上长出的细小根系。

### 11.1.8 须根长度

须根基部至先端的长度。

### 11.1.9 2年生带分枝大苗

砧木根龄2年、嫁接口以上品种龄1年的矮化自根砧圃内整形苗木。苗木高度大于1.5m，定干部位以上的中心干上均匀着生5个20cm以上、角度开张的当年萌发的二次枝（侧枝）。

### 11.1.10 3年生带分枝大苗

砧木根龄3年、嫁接口至定干部位（主干）的品种龄2年、定干部位以上品种龄1年的矮化自根砧圃内整形苗木。苗木高度大于1.5m，定干部位以上的中心干上均匀着生5个20cm以上、角度开张的当年萌发的二次枝（侧枝）。也称“快利普”带分枝大苗。

### 11.1.11 苹果苗木病毒

《苹果无病毒母本树和苗木》（NY 329—2006）中规定的苹果绿皱果病毒、苹果锈果类病毒、苹果花叶病毒、苹果褪绿叶斑病毒、苹果茎痘病毒和苹果茎沟病毒等影响苹果正常生长的病毒。

## 11.2 分级标准

合格的矮化自根砧带分枝苹果成品苗木出圃标准可分为特级、1级、2级、3级共4个级别，分级标准见表11.1。

表11.1 矮化自根砧带分枝苹果成品苗木出圃分级标准

| 项目 | | 特级 | 1级 | 2级 | 3级 |
|---|---|---|---|---|---|
| 基本要求 | | 品种、砧木类型纯正，嫁接部位愈合良好；苗木健壮、主干直立，侧枝分布均匀合理；角度开张，枝条充实、芽体饱满；侧根或须根较多，断根少；无检疫对象，无冻害和明显机械损伤；品种龄1～2年生，根砧龄2～3年生 | | | |
| 苗木高度(无修剪)/cm | | ≥180 | ≥180 | ≥150～<180 | <150 |
| 苗木粗度/cm | | ≥1.5 | ≥1.2 | ≥1.0 | ≥0.8 |
| 最低位侧枝高度/cm | | ≥70 | | | |
| $D$≥0.3cm，$L$≥20cm的侧枝数量/条 | | ≥10 | ≥7 | ≥5 | <5 |
| 砧木段总长度/cm（嫁接口部位以下） | | 35～40 | | | |
| 苗木根系 | 砧根段长度/cm（根颈部位以下） | 20～25 | | | |

续表

| 项目 | | 特级 | 1级 | 2级 | 3级 |
|---|---|---|---|---|---|
| 苗木根系 | 根簇数量/个 | ≥5 | ≥5 | ≥4 | ≥3 |
| | 须根长度(无修剪)/cm | ≥20 | | | |
| | 侧根数量/条 | ≥18 | ≥15 | ≥13 | ≥10 |
| 主干倾斜度/° | | ≤5 | | | |
| 根皮和茎皮 | | 枝干光滑,枝梢充实,树皮新鲜,失水少且无干缩皱皮;无新损伤皮,老损伤处总面积不超过1.0cm² | | | |

注:1. $D$ 指粗度,$L$ 指长度。

2. 主干倾斜度是指苗木主干方向与地面垂直方向之间的夹角。

3. 本分级标准适用于矮化自根砧2年生带分枝大苗或3年生带分枝大苗。

## 11.3 检验方法

### 11.3.1 规格尺寸测定

用精度为0.01mm的游标卡尺测定砧苗的粗度,用精度为0.1cm的尺子测定砧苗高度。

### 11.3.2 检验检疫

产地检验检疫按《苹果苗木产地检疫规程》(GB 8370—2009)的规定执行,调运检验检疫按《农业植物调运检疫规程》(GB 15569—2009)的规定执行。

### 11.3.3 病毒检测

按《苹果无病毒母本树和苗木》(NY 329—2006)的规定执行。

## 11.4 检验规则

### 11.4.1 组批

凡是砧木、品种和规格等级相同的矮化自根砧带分枝成品苗为同一个检验批次。

### 11.4.2 抽样

以一个检验批次为一个抽样批次。采用随机抽样的方法。数量100～1000株，抽样率为10%；1001～5000株，抽样率为8%；5001～10000株，抽样率为6%；大于10001株，抽样率为4%。

### 11.4.3 判定规则

每一个检验批次的不合格苗木超过5%，即为不合格苗木。

## 11.5 标签、包装与贮存

### 11.5.1 标签

标签内容主要包括品种、砧木、等级、生产单位及其地址、联系方式、日期、商标、是否脱毒等信息，并附有追溯码或标号的标示。

每株苗木均应有标签，宜系挂在第一个有效分枝与第二分枝之间的主干上。

### 11.5.2 包装

分品种、砧木和规格等级，定量、保湿包装，包装物内外附有苗木标签及合格证。

### 11.5.3 贮存

苗木出圃后，不立即运送或苗木运到后不立即栽植的，应随即置入冷库贮存。冷库内湿度不低于95%，温度0.5～1.5℃。也可假植，但临时假植时间不宜超过10天。

第12章

# 苹果脱毒种苗繁育技术

该技术主要用于苹果脱毒、快速繁育。通过高温热处理、化学处理结合微茎尖剥离技术等一套组合式脱毒技术的实施，建立苹果砧穗病毒脱除、组培快繁、生根、温室炼苗移栽等一整套无病毒苗木工厂化繁育技术体系，获得脱毒砧木嫁接脱毒品种，真正实现苹果双脱毒苗木的工厂化繁育。脱毒苗木对老果园更新换代改造具有明显优势，将成为山东省乃至全国苹果适栽区老果园更新改建的首选苗木。

## 12.1 术语与定义

### 12.1.1 外植体

从活体植物上切取下来，用于离体培养的那部分器官（如根、茎、叶、花、果等），组织（如形成层、表皮、皮层等），细胞（如大孢子、小孢子、体细胞等）等，这些统称为外植体。

### 12.1.2 热处理结合茎尖剥离的双重脱毒处理技术

热处理是让材料在38℃的高温下，全天候24h，恒温处理35天左右，使病毒因长期高温钝化失去活性；茎尖剥离是将经过高温钝化后存活的材料在高倍解剖镜下剥离生长点，这个生长点的大小在0.2～0.5mm之间。

### 12.1.3 组培苗

根据植物细胞具有全能性的理论，在离体条件下利用人工培养基对器官（如根、茎、叶、花、果等）、组织（如形成层、表皮、皮层等）、细胞（如大孢子、小孢子、体细胞等）等进行培养，使其长出完整的植株，这个植株就是组培苗。

### 12.1.4 初代培养

又叫芽的诱导，脱分化。外植体接种在培养基上，在温度稍低（20～23℃）的暗环境中培养，得到无菌、无玻璃化现象的植株，然后进入分化和生长阶段。这个过程就是初代培养，此时的植株为第一代组培苗。

### 12.1.5 继代培养

将经过初代培养的组培苗转入增殖扩繁培养基上培养，使组培苗数量迅速增长，这个培养过程就是继代培养。

### 12.1.6 生根培养

经过继代培养的组培苗，把形成独立个体的植株剥离下来转接到生根培养基上，诱导出根原基，进一步形成根系的过程叫生根培养。

### 12.1.7 温室驯化

生根培养后的组培瓶苗经过适应强光照、出瓶移栽，从而适应温室环境变化，能够自主生长的过程，就叫温室驯化。

## 12.2 外植体的选择

### 12.2.1 外植体的类型

苹果的茎尖、茎段。

### 12.2.2 外植体取材时间

4～6 月，选取茎尖。11 月至次年 2 月，选取茎段。

### 12.2.3 外植体材料的年限

无论是哪种类型，最好选择当年生枝条，其分生能力强。

### 12.2.4 外植体材料的大小

茎尖大小为 1.5～2.5cm，茎段大小为 3cm 左右，包含 2 个腋芽。

## 12.3 无菌体系的建立

### 12.3.1 外植体的消毒

根据外植体选取的时间和地点有不同的消毒方式。

① 4～6 月在大田选取的苹果外植体首先要经过流水冲洗 2h，然后用 75%的乙醇溶液浸泡 20s 左右，倒出乙醇溶液接着用 0.1%的氯化汞溶液浸泡 5～7min，最后用 50mg/L 的维生素 C 无菌液冲洗 5 遍，每遍在 2min 左右，而且要不停地摇晃。

② 11月至次年2月选取的外植体先要预培养，将其放到光照培养箱里培养出新芽，再对其消毒，直接用0.1%氯化汞溶液浸泡5～7min，最后用50mg/L的维生素C无菌液冲洗5遍，每遍在2min左右，而且要不停地摇晃。

### 12.3.2 转接外植体的培养基配制与灭菌

用改良WPM（木本植物用培养基）+300mg/L的维生素C无菌液+0.5%的活性炭+6%琼脂粉+20g/L蔗糖配制培养基。把琼脂粉溶化煮沸后，依次添加蔗糖、改良WPM母液、300mg/L的维生素C无菌液，定容，调整pH为5.6，再加0.5%的活性炭，分装，在高温高压锅内121℃灭菌15min。

### 12.3.3 接种工具的灭菌

接种工具包括手术刀、镊子和接种盘，分别用白布包好放到高温高压锅内121℃灭菌15min。

### 12.3.4 外植体的转接

用手术刀切割消毒好的外植体，每端切割掉2mm（有叶片的顶芽只保留最上端2片叶），接在冷凝好的培养基上。

## 12.4 增殖培养

### 12.4.1 增殖培养基的配制

度过褐化死亡期的外植体要及时转入增殖培养基中。增殖培养基的配方为：改良WPM+0.3mg/L 6-BA+6%琼脂粉+20g/L蔗糖。

### 12.4.2 增殖培养的环境控制

在无菌的培养室内进行光照培养，每天光照时间为12～14h，培养温度为21～23℃，空气相对湿度为20%～40%，光照强度为1800～2400lx。

## 12.5 脱毒处理

### 12.5.1 热处理

将培养好的组培瓶苗放到人工智能化光照培养箱内，温度逐渐由25℃递增到38℃，在全天候38℃的恒温下处理35天左右。

### 12.5.2 茎尖剥离

在高倍解剖镜下把热处理存活的瓶苗植株的生长点剥离，生长点的大小为0.2～0.5mm。

### 12.5.3 茎尖培养

将茎尖剥离的生长点，定植在培养基上，在温度20～23℃，光照强度1800～2200lx的条件下培养约35天，得到约3cm的一个完整植株。

### 12.5.4 病毒检测

待茎尖繁殖出20株左右的苗时，抽取10株进行病毒检测。

## 12.6 无病毒苗继代培养（扩繁）

检测无病的样本，进入无菌、无病毒的继代培养（扩繁）。

### 12.6.1 继代培养基配制

苹果脱毒苗继代培养（扩繁）的配方为：WPM+0.5mg/L 6-BA+6%琼脂粉+20g/L蔗糖，pH为5.6，扩繁倍数为4.1～5.2，扩繁周期为32～38天。

### 12.6.2 继代培养（扩繁）环境控制

继代培养（扩繁）的环境分为两方面。一是培养条件，光照时间为12～14h/d，光照强度为2400～3200lx，空气相对湿度为20%～30%；二是污染控制，全年污染控制率在3%以下，每天对地面进行84消毒处理，每3天对空间进行臭氧消毒1次。

### 12.6.3 转接方法及材料要求

每次转接必须在超净工作台上进行，工作台在工人进入工作状态前一个小时用紫外线消毒30min，转接所用工具、接种盘必须经过高温高压锅121℃灭菌15min。施行“一盘一消毒”原则。转接材料必须是无菌原瓶苗，转接过程中愈伤保留不能超过植株粗度的1倍。淘汰老弱苗。

## 12.7 生根培养

当扩繁数量达到生产要求时，结合季节情况就可以进行生根培养了。生根培养必须有生根培养基配方。一个好的生根培养基配方，生根率必须超过85%，每株苗根的条数必须超过3条，根系细长，根应直接从植株上生长出来而不是从愈伤块上长出。

### 12.7.1 生根培养基配制

苹果脱毒苗的生根配方为：1/2 WPM＋0.3mg/L IBA（吲哚丁酸）＋3%蔗糖＋0.5%琼脂粉，pH为5.6。此配方的生根率为92%～95%，每株苗有4～6条根，细长，10～12天出现根原基，15天根长度在1cm左右。

### 12.7.2 生根培养的环境控制

生根培养在污染控制方面同继代培养。培养环境为：转接后前3天无光照，温度控制在25℃左右，3天后开始光照，每天光照时间为12～14h，光照强度为2800～3500lx，培养温度为25～28℃。

### 12.7.3 生根转接的方法及材料要求

粗度在1mm以上，高度为1.5～2.5cm，叶片保留3～5个，下部切口必须在腋芽的上部。根据培养瓶大小定植不同的株数，例如240mL的培养瓶定植7株。

## 12.8 脱毒种苗的温室驯化

脱毒种苗的温室驯化过程就是一个从瓶内到瓶外的生长习性的转变过程。

### 12.8.1 驯化季节

烟台苹果脱毒种苗温室驯化时间为4～11月上旬。

### 12.8.2 驯化瓶苗的标准

生根瓶苗在组培室内培养15天后运到温室进行晒苗。晒苗大约20天左右时，瓶苗长到高度4cm左右，根系长到3cm以上，3～4个大叶片。

### 12.8.3 驯化技术流程

晒苗（20天）→开盖（移栽前一天下午）→出瓶（瓶苗大小分级）→培养基的清理（清水清洗3遍）→消毒（多菌灵500倍液浸泡2～4min）→移栽（提前准备好苗床）→覆盖塑料布和遮阳网→后期管理

#### 12.8.3.1 瓶苗大小分级

分级标准为：高度3cm以上，根系3条以上为一级苗；高度1.5～3.0cm之间，根系2条以上为二级苗；其余淘汰。

#### 12.8.3.2 移栽苗床的准备

苗床上搭建小拱棚，摆上穴盘，穴盘内基质由草炭土和珍珠岩按照2∶1的比例进行配制，并用多菌灵200倍液进行消毒处理。

#### 12.8.3.3 移栽后的管理

（1）移栽后0～6天的管理

每天早上9点左右掀开塑料布和遮阳网进行放风30min，从第3天开始逐渐去掉外遮阳网。塑料布保留，第1天、第6天喷施800井冈·嘧苷素800倍液。

（2）移栽后7～15天的管理

① 7～12天，覆盖塑料布保湿，温度高于33℃时打开小拱棚

两头。

② 13～15 天，逐渐把小拱棚的塑料布去掉。

③ 12 天左右喷施一遍 800 倍乙铝·锰锌和叶面肥。

(3) 移栽后 16～50 天的管理

16 天以后驯化的苹果脱毒种苗已经成活，开始进入肥水管理阶段，每 7～10 天喷施一次叶面肥，每 10～15 天喷施一次杀菌剂，至少 3 种杀菌剂交替使用，大约 50 天穴盘苗生长到 15～20cm。

## 12.9 放风锻炼

这个过程是为了让脱毒的穴盘苗适应从温室到大田的过程。

### 12.9.1 放风脱毒穴盘苗的标准

高度必须超过 15cm，粗度为 4mm 左右。

### 12.9.2 放风锻炼的技术标准

在放风场 1～3 天全天用遮阳率 70% 的遮阳网进行遮阴，4～10 天逐渐去掉遮阳网，11～15 天全光照（完全是室外光照）。此时穴盘苗叶片增厚，出现蜡质层就可以移栽到苗圃。

(a)

(b)

高温钝化

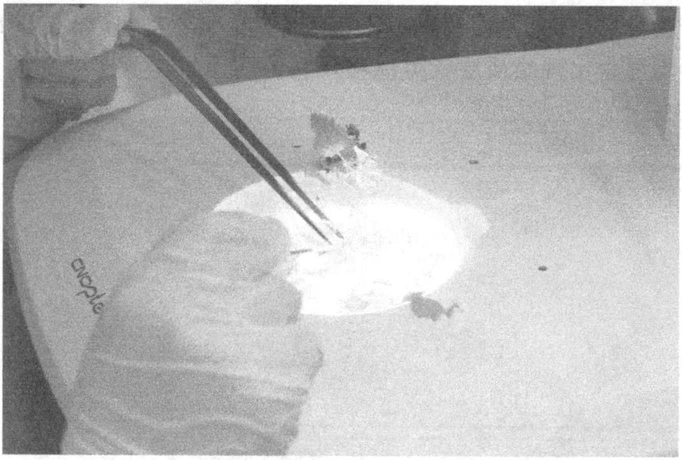

茎尖剥离

茎尖剥离现场

脱毒苗木快繁及生根

脱毒瓶苗无菌培养

温室驯化穴盘苗

脱毒网室培养

大田移栽

## 12.10 脱毒种苗生产主要设施、设备 ……

### 12.10.1 组培室

（1）缓冲室

面积不宜太大，功能是避免组培室内空气和室外空气直接对流。安装紫外线杀菌。

（2）洗刷室

用于洗刷培养瓶及工具。主要安装洗刷机。

（3）更衣室

用于工人更换工作服（隔离衣）。主要设备为衣柜、臭氧消毒机。

（4）制备室

用于配制母液及脱毒。主要设备有：分析天平、普通天平、冰柜、人工智能化培养箱、药品柜、边角试验台、搅拌器、试管架。

（5）分装室

用于培养基的配制与分装，主要设备有：分装台、灌装机、pH 计。

（6）灭菌室

用于培养基、工具、接种盘的灭菌。主要设备有：高温高压灭菌锅、传递窗、抽湿机。

（7）冷凝室

用于培养基的冷凝与存放。主要设备有：臭氧发生器、推车。

（8）接种室

用来转接脱毒瓶苗。主要设备有：超净工作台、臭氧发生器、接种器、高倍解剖镜、推车等。

（9）培养室

用于脱毒瓶苗的培养。主要设备有：培养架、空调、臭氧发生器、温湿计。

### 12.10.2 驯化温室

用于对脱毒种苗瓶苗的驯化。主要设备有：苗床、小拱棚、降温风机、降温水帘、外遮阳网、内保温被、温控自动仪、喷淋系统、施肥系统、纸钵机等。

第13章

# 苹果苗木贮存技术

作为传统强势产业，我省苗木企业多、产能大，为了延长苗木的供应时间，更好地满足用苗单位的苗木需求，在保证苗木质量的前提下，规范苗木贮存技术，提高苗木移栽成活率尤为重要。

## 13.1 术语与定义

### 13.1.1 假植

苗木出圃后栽植前的一种临时性的贮存措施，分为临时假植和越冬假植两种。

### 13.1.2 临时假植

在出圃后或栽植前，将苗木根部及部分枝干暂时埋植于湿润的土壤或河沙中的贮存方法。

### 13.1.3 越冬假植

利用挖贮存沟的方式，将苗木埋藏在地下的一种越冬贮存方法，也称越冬沟藏。

### 13.1.4 低温贮存

通过专用设施设备制造低温、有氧、高湿的密闭室内环境，使苗木较长时间维持休眠状态的贮存方法。

## 13.2 贮存前准备

### 13.2.1 检验检疫

检查苗木有无明显病虫害，确保苗木不携带检疫对象。剔除弱小、有机械损伤和有病虫害的苗木。

### 13.2.2 分类

严格按照砧木、品种及等级标准进行分类，确保砧木及品种纯正、质量等级一致。

### 13.2.3 标识

将相同砧木、品种和质量等级一致的苹果苗木每10～20株捆扎成捆，系好标签。标签上应至少标有品种、砧木、等级等信息。

## 13.3 假植

### 13.3.1 临时假植

#### 13.3.1.1 地点选择

选择地势较高、排水良好、土壤疏松的背阴地段。

#### 13.3.1.2 挖沟

在选好的地点挖假植沟，沟深、宽各为30～50cm，长度依苗木数量多少而定。

#### 13.3.1.3 摆苗与覆盖

将苗木成捆或散开均匀排列在沟内，用湿土、湿沙覆盖苗木根部及部分枝干。湿土、湿沙应完全充满根部或枝干间的空隙，并踩实浇水。也可用透气的草毡、塑料彩布等保湿材料覆盖。假植期间注意低温、保湿。

#### 13.3.1.4 起苗

根据栽植时间确定起苗时间，临时假植时间不宜超过10天。

### 13.3.2 越冬假植

#### 13.3.2.1 地点选择

选择地势较高、背风向阳、排水良好、土壤疏松的地块。

#### 13.3.2.2 挖沟

在选好的地块上按东西方向开挖假植沟，沟宽80～100cm，深80cm，长度根据苗木数量确定。沟的东侧挖成45°斜坡，铲净沟内各断面的浮土。

#### 13.3.2.3 摆苗与培土

① 沟内底部先铺 10cm 厚的湿沙或湿润的沙壤土，沿沟东侧单株或 3～5 棵呈 40～50°角摆放苗木，摆一行苗，埋一层沙或湿沙壤土，并逐行拍实。沙或土的湿度以手握成团、松手即散为准。

② 培土分两次进行，第一次培至沟深的 40～50cm 处，第二次培土至沟深的 30～40cm 处。覆土后应踩实，保持湿度。

③ 封冻前在苗木梢部覆盖玉米秸秆、草毡、透气的塑料彩布等保温保湿材料，或覆土 20～30cm。冬季可在假植沟西北侧架设防风障。

④ 面积较大的假植地要分区、分树种、定数量（每一定数量做一标记)，并在地头插标牌，注明树种、品种（砧木)、苗龄、数量、假植时间等。

#### 13.3.2.4 起苗

根据栽植时间确定起苗时间，宜在春季解冻后、3 月底前起苗。应随栽随起。

起苗时要先把梢部覆盖物撤掉，然后再把根部以上和根部的土撤掉。

春季温度回升后，特别是 3 月中下旬以后，要经常检查苗木的假植情况，避免高热伤皮，或者高湿霉烂。

## 13.4 冷库贮存

### 13.4.1 冷库选择

贮存苗木的冷库应为专用冷库。冷库内不得有乙烯气体或者混合贮存有释放乙烯气体的果品等其他物品。

### 13.4.2 冷库消毒

可用硫磺熏蒸或甲醛加高锰酸钾熏蒸、过氧乙酸喷雾、紫外线照射等方法消毒。

## 13.4.3 贮存

### 13.4.3.1 贮存环境

贮存温度为0.5～1.5℃，相对湿度不低于95％。

### 13.4.3.2 标签

每株苗木应有标签，宜系挂在第一个有效分枝与第二分枝之间的主干上。

标签上应注明品种、砧木、等级、生产单位及地址、是否脱毒、追溯等内容。

### 13.4.3.3 包装

分品种、砧木和规格等级，定量、保湿包装，包装物内外附有苗木标签。

### 13.4.3.4 货架堆码

宜选用铁质货架存放苗木，货架大小一般为1.0m×1.0m×1.8m。货架最高堆码4个，每排货架之间需留通风道，保证库内空气循环畅通。靠近风机制冷处应适当空出距离，防止苗木冻伤。

### 13.4.3.5 定期检查

经常检查冷库内的苗木贮存情况，发现问题及时处理。

## 13.4.4 出库

根据栽植时间确定出库时间，宜在春季解冻后至4月中旬栽植前出库。

苗木在低温冷库内的贮存时间不宜超过6个月。

产地检验检疫按《苹果苗木产地检疫规程》（GB 8370—2009）的规定执行，调运检验检疫按《农业植物调运检疫规程》（GB 15569—2009）的规定执行。

病毒检测按《苹果无病毒母本树和苗木》（NY 329—2006）的规定执行。

苹果苗木贮存

第14章

# 苹果无病毒种质资源保存中心建设技术

为给脱毒后苹果种质资源的保存、供给、评价提供相对封闭的场所，建设苹果无病毒种质资源保存中心尤为必要。苹果无病毒种质资源保存中心具有脱毒资源的室内保存、向第三方提供无病毒接穗、种质资源创新及重要果树资源评价等功能。

## 14.1 术语与定义

### 14.1.1 种质资源

种质资源是指具有利用价值的果树遗传物质的总体。主要指种子和各种无性繁殖用的器官、组织等。包括：

① 对果树育种工作有特殊价值的种、变种、品种、品系和杂种；

② 具有特定用途，如用作果树砧木、中间砧、病毒病害指示植物的野生种和栽培品种；

③ 能直接用于生产的品种和品系，包括需要作为一个独立实体的突变体等；

④ 具有潜在用途但目前还不了解的野生种和变种。

### 14.1.2 病毒病和类病毒病害

由病毒和类病毒等引起的植物病害。

### 14.1.3 无病毒种质资源保存中心

用于保存、供给、评价脱毒后苹果种质资源的相对封闭场所，由管理间、缓冲间和网室三部分组成。

## 14.2 中心选址

选择背风向阳、地势开阔规整、交通方便、远离污染源的相对独立区域，生态环境良好。地势平坦或5°以下缓坡地，水源充足，具备良好的排水条件，无检疫性病虫害。周边15m内应无杨树、槐树、榆树等，周边500m内应无苹果树、梨树等仁果类果树，周边5km内应无龙柏、塔柏、圆柏等圆柏类林木。

## 14.3 中心建设

### 14.3.1 网室

#### 14.3.1.1 网室架构

网室宽 10m 以上，高不低于 3m，长度根据地形和所需保存的种质资源数量确定。整体结构应稳固，一侧宜设置物资运输的通道。

立柱采用钢筋混凝土预制件，规格为 10cm×10cm×270cm，深埋 50cm，立柱底部用 30cm×30cm 素混凝土做垫层，立柱顶端埋入焊有四根钢脚的 5mm 厚的钢垫板，连接横拉筋及拱杆。

拱杆为 $\phi 40$ 的镀锌钢管，拱高 1.2m，焊接在立柱顶端的钢垫板上，每间立柱用 $\phi 28$ 的钢筋连接，钢筋与立柱上的钢垫板及钢管相焊接。

#### 14.3.1.2 拉丝

网室骨架焊接好后，用 8＃钢（铁）丝做横拉丝，每跨 7 道，等距离地固定于拱架上，丝网铺于网室骨架上。

#### 14.3.1.3 阳光板、防虫网与遮阳网

网室的屋面为透光率大于 80％的太阳板，屋面应密封良好不透水。太阳板上方安装透光率为 40％～50％的遮阳网。网室四周安装 40～60 目的防虫网，须安装牢固，无缝隙、无破洞。防虫网内设有防盗网等防护装置，防止畜禽等动物撞破防虫网进入网室内部。

#### 14.3.1.4 地面硬化

网室地面应用混凝土或方砖等材料进行硬化，防止蛇鼠兔等动物以及各类昆虫通过土壤进入到网室内部。

### 14.3.2 管理间

管理间的宽度和高度与网室一致，长度为 10～12m，主要用来存放机械设备及其他杂物等。

### 14.3.3 缓冲间

缓冲间设在管理间与网室的出入通道上，日常管理人员和小型设备、物资等应通过缓冲间进入网室内。可采用铝合金等材料构建，长2.4m，宽2.2m，高2.9m。

## 14.4 病毒种类及无毒种质资源的获取

### 14.4.1 苹果病毒种类

无病毒品种或砧木，不得含有《苹果无病毒母本树和苗木》(NY 329—2006) 中规定的病害：

① 苹果绿皱果病 Apple green crinkle disease；

② 苹果锈果类病毒 Apple scar skin viroid；

③ 苹果花叶病毒 Apple mosaic virus；

④ 苹果褪绿叶斑病毒 Apple chlorotic leaf spot virus；

⑤ 苹果茎痘病毒 Apple stem pitting virus；

⑥ 苹果茎沟病毒 Apple stem grooving virus。

### 14.4.2 引进或委托脱毒

① 从具备无病毒检测资质的机构中引进无病毒资源，并有无病毒证明。

② 把当地的苹果种质资源委托给具备无病毒检测资质的机构进行脱毒，并附有无病毒证明。

### 14.4.3 自行脱毒

#### 14.4.3.1 脱毒材料选择

选择通过国家或省级审定认定的品种和砧木，或选育出的综合性状优良、开发前景广阔的新优品种。

#### 14.4.3.2 脱毒处理

采用热处理脱毒法、茎尖培养脱毒法、热处理结合茎尖培养脱毒法进行脱毒处理，并按《苹果无病毒繁育规程》(NY/T 328—1997)

的规定执行。

脱毒后的材料应送交具有无病毒检测资质的机构检测，取得无病毒证书后，方可进入无病毒种质资源保存中心保存。

## 14.5 无病毒种质资源栽植

### 14.5.1 陶盆栽植

苹果品种和砧木，经过脱毒处理和病毒检测，确认无病毒后栽植到盆土内，每个品种应栽植3～5株，限根生长。

陶盆高度应不小于38cm，直径应不小于50cm。

盆栽用土应用草炭土与珍珠岩、腐熟的厩肥、锯末及骨粉发酵肥等混合配制，pH6.0～7.5。栽植前对土壤进行消毒等处理。

### 14.5.2 标牌标识

每株应悬挂标识牌，标识牌上明确记载品种和砧木名称、栽植时间等信息。

## 14.6 日常管理

### 14.6.1 网室进出

打开管理间至缓冲间的小门，进入缓冲间内并立即关闭该道门；在缓冲间内检查是否有刺吸类昆虫等异物一同进入。如有，应立即处置；如正常，则打开缓冲间与网室之间的门，进入到网室内间内并立即关闭该道门。返回到管理间的步骤程序相反。

### 14.6.2 水肥管理

配套建设水肥一体化的滴灌设施，每个花盆内安装滴箭2～3个，根据生长发育需要，定时定量供肥供水。灌溉水应符合《农田灌溉水质标准》(GB 5084—2005) 的规定。肥料应符合《绿色食品　肥料使用准则》(NY/T 394—2013) 的规定。

### 14.6.3 病虫管理

及时进行病虫害防控，农药使用应符合《绿色食品 农药使用准则》(NY/T 393—2020) 的规定。

### 14.6.4 品种验证

栽入网室内的无病毒种质资源，应先进行结果性状的观察，以验证品种，剔除品种不纯正的单株。

### 14.6.5 树体管理

采用重修剪方法，控制树体高度为1.6～2.8m、侧枝10～20个。观察品种发育情况，适时处理树势衰弱等发育不正常的株系。

### 14.6.6 病毒检测

每5年进行1次病毒检测，并根据结果进行处置。采取各种防范措施，避免病毒感染。

### 14.6.7 采穗管理

采穗前，应将与树体接触的各类采穗用工具进行消毒处理。根据砧木、品种的生长特性确定平茬高度，平茬高度为5～10cm。

采下的接穗，按品种、规格等进行分级包装，并附标签，入库保存。

接穗应优先满足市级果树苗木繁育基地的需求，主要用于苹果母本品种保存展示圃和品种采穗圃的建设。

### 14.6.8 植物检疫

接穗应到当地植物检疫管理部门按《苹果苗木产地检疫规程》(GB 8370—2009)、《农业植物调运检疫规程》(GB 15569—2009) 进行检疫登记，获得检疫合格证书后方可对外销售调运。

## 14.7 档案管理

档案信息应长期保存，至少包括但不限于以下内容：

① 品种和砧木名称（含引进的外文名称、品系等），引进单位，来源，引进时间；

② 脱毒、病毒检测的单位、时间；

③ 品种分布图、栽植时间、管理人员等；

④ 生产管理记录；

⑤ 接穗的出入库记录；

⑥ 接穗的销售记录（品种和砧木的名称、数量、日期和销售去向等）；

⑦ 异常情况及处置办法。

苹果无毒原种保存圃